超维逻辑思考力

李守忠 傅皓政 著

電子工業出版社
Publishing House of Electronics Industry
北京 · BEIJING

《超维逻辑思考力》
ISBN：9786263900936

版权贸易合同登记号　图字：01-2025-0284

图书在版编目（CIP）数据

超维逻辑思考力 / 李守忠，傅皓政著. -- 北京 ： 电子工业出版社，2025. 4. -- ISBN 978-7-121-49854-1

Ⅰ. B804. 1-49

中国国家版本馆CIP数据核字第2025YL3184号

责任编辑：杨洪军
印　　刷：河北虎彩印刷有限公司
装　　订：河北虎彩印刷有限公司
出版发行：电子工业出版社
　　　　　北京市海淀区万寿路173信箱　　邮编100036
开　　本：720×1000　1/16　　印张：12.75　　字数：204千字
版　　次：2025年4月第1版
印　　次：2025年8月第2次印刷
定　　价：65.00元

凡所购买电子工业出版社图书有缺损问题，请向购买书店调换。若书店售缺，请与本社发行部联系，联系及邮购电话：（010）88254888，88258888。

质量投诉请发邮件至zlts@phei.com.cn，盗版侵权举报请发邮件至dbqq@phei.com.cn。

本书咨询联系方式：（010）88254199，sjb@phei.com.cn。

—— 前言 ——

在一座充满机遇与挑战的城市中，每个人都有既相似又独特的故事。其中一位名叫黑狗，他是本书的男主角。

五年前，黑狗步入职场，逐步晋升至目前的营销部副经理。他是一个乐观进取、勤奋工作，偶尔有些叛逆的年轻人，总是积极面对各种挑战。然而，原本乐观的心态，现在却被重重的焦虑感所包围。当夜幕降临，城市归于宁静时，黑狗常常躺在床上独自思考，不安和焦虑不时涌上心头。

进入职场后，黑狗逐渐遇到许多职场和生活的挑战，不得不开始思考一些重要问题。其间，他尝试阅读了许多相关书籍，但依然没有找到解决问题的有效方法。因此，这些问题所带来的困惑，逐渐在他心中积累，形成了一种无形的压力，开始影响他的睡眠和日常生活。

黑狗有一位在大公司担任高级主管的表兄，朋友们都叫他乌龟。此外，黑狗还有一位美丽又善解人意的女友鹦鹉。在黑狗情绪低落时，他们总是给予他建议、陪伴和鼓励，然而这一次，黑狗心中的压力始终无法缓解。终于有一天，乌龟提议他们一同去请教一位前辈——猫头鹰，听听这位睿智前辈的建议。于是，黑狗、乌龟和鹦鹉便一同踏上了一段探索之旅。

本书的故事，也就从这里开始。一位充满困惑和焦虑的年轻人和两位亲密伙伴，以及一位智慧的前辈，通过一场“逻辑思考”的探索学习之旅，解开在职场、爱情、生活和人生中的种种困惑。

我们经常听到别人说，处理事情的态度和方法应该“理性”“科学”。然而，我们该如何“理性”？如果我们学会用“逻辑”引导思考，就能达到理性；至于“科学”，先用“形式逻辑”推导、证明科学理论为真，然后再用实验证明理论为真。

在与猫头鹰前辈交流过后，黑狗的问题不仅找到了根本原因，而且有了具体的解决方案。按照猫头鹰的建议去行动以后，对于压力缓解、个人成长和生活幸福，都产生了显著的正面转变。

黑狗逐渐摆脱长期以来的“价值观思考”模式，丢弃过时的传统观念包袱，摆脱似是而非的现代鸡汤式思维，走向成长与智慧的道路，一步步接近“理智导情”的思维模式，实现一个又一个人生中的美好目标。

生活中许多似是而非、过时的道理或价值观，常常来自爱我们的父母、好心的朋友、前辈、专家、学者等。例如，“当公务员比较有保障”“只要你够努力就一定会成功”“你为什么不能和别人一样”。

市面上各种看似正确的道理，虽然其中确实具有“片面道理”，但关键是，并没有“充足道理”，同时也不符合“逻辑通洽”，所以才会出现了“公说公有理，婆说婆有理”的尴尬局面（见图1）。例如，“万般皆下品，唯有读书高”“百无一用是书生”“姜是老的辣”“青出于蓝而胜于蓝”这些充满矛盾的说法。然而，这些道理多数是有前提条件的，也就是说，这些道理多数是在特定的时空背景条件下才会适用。如果没有足够的“逻辑思考能力”，是无法清楚“适用情境”为何，或者哪里出现问题，盲从、误用就很容易发生，也就会承受各种不必要的压力，或被误导而走向不适合自己的道路。爱因斯坦曾说“学习知识要善于思考”。以开车为例，交通规则引导驾驶者开车，应对各种路况，让每位驾驶者能平安、顺利到达目的地。“逻辑”就像交通规则一样，引导我们思考，足以应对各种生活状况，使我们实现美好目标。但是，我们该运用“哪些逻辑”来引导思考呢？逻辑思考的“具体方法”是什么呢？

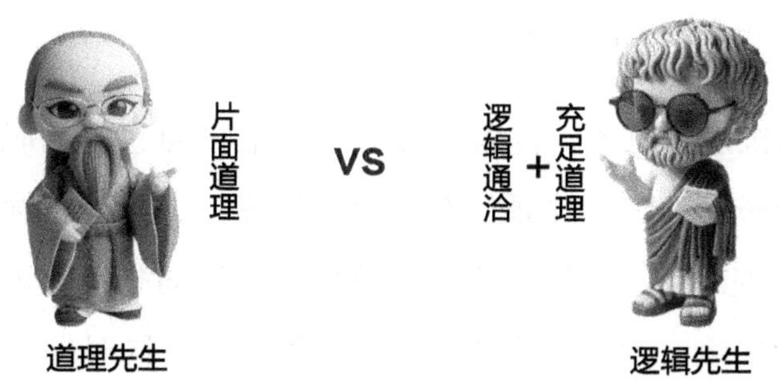

图1 道理与逻辑

“逻辑”的字面含义是准则、规律，原本指的是亚里士多德集大成后首创的狭义“形式逻辑”，它是研究“有效推理形式”所使用的准则，只含演绎法，不包括归纳法，运用于狭义哲学和科学领域。

现今我们一般所说的“逻辑”，已不是指狭义的“形式逻辑”，而是广义的“思考逻辑”，适用于生活中的一些思考准则，而且包括了归纳法。

大学教的《逻辑学》，主要是狭义的“形式逻辑”，要将其直接运用在生活中的复杂思考情境中其实是非常困难的，因为“形式逻辑”所涉及的思维情境和逻辑准则，与实际生活有很大不同，很难直接应用于生活情境。不少人更误把“形式逻辑”当成“思考逻辑”，实在非常可惜。

另外，大家常用的“结构思考”“设计思考”“思维导图”“营销4P”“SWOT分析”等思考模型，其实只是逻辑思考的一小部分，无法用来分辨信息真假，判断道理对错，看清事物本质，更无法活用知识。逻辑思考需要融会贯通形式逻辑、思考逻辑，以及各种思考模型，还需要与我们所身处的四维世界相契合，才能广泛应用于生活中的种种生活情境，而且易学好用。

学好超维逻辑思考，就能像图2一样，在四维世界的职业发展、创业经营、投资理财、恋爱婚姻和人生信仰等方面，都能够明智判断信息真假、道理对错，也能以逻辑说服他人，深刻洞察他人内心，还能做出正确的决策，解决问题的根源，活用知识，同时拥有AI时代所需的创新力和高效学习力。

有句名言说：“授人以鱼，不如授人以渔。”这句话是从传授者的角度来思考的。然而对于学习者而言，这句话应转化成：“学人之鱼，不如学人之渔。”遗憾的是，学校的教育往往是教学生“各种知识”（鱼），没有教学生逻辑思考的“方法”（渔），造成许多学生和成人的逻辑思考能力不足，也就难以在AI时代创造高价值、获取高收入，就如日本战略之父大前研一所说：“思考力的差距，造成收入的差距。”本书用各种日常生活情境中的案例故事，和你分享这种能够融会贯通的“超维逻辑思考力”，希望能协助你创造高价值，从而提升收入、成就和幸福。我们现在的选择和行动，决定了五年后的样子和未来的生活。

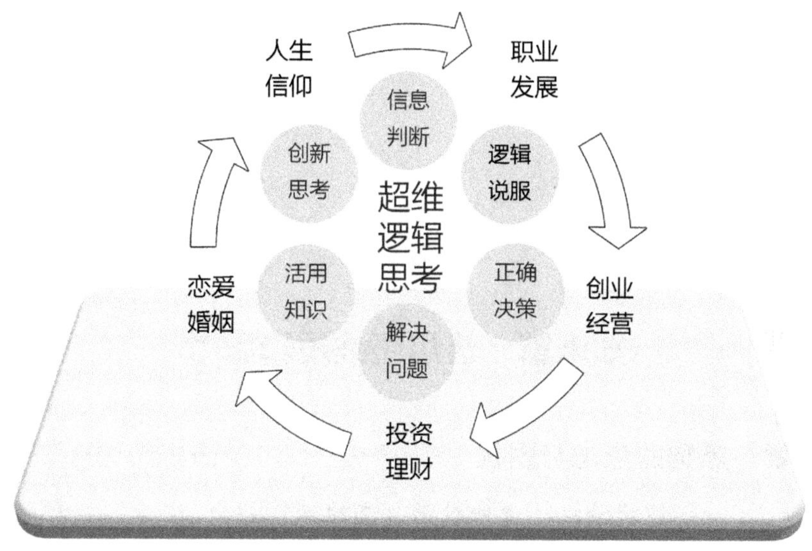

图2　超维逻辑思考应用图

所以，人生有三大要事：要幸福当下，也要准备好未来，还要找到有意义的正道。如此，人生就圆满了。这是我成为大叔后，逐渐领悟到的人生之道，与你分享，也与你互勉之！

—目录—

知识篇　活用超维逻辑思考

实战篇　不同情境下的超维逻辑思考

—— 知识篇 ——

活用超维逻辑思考

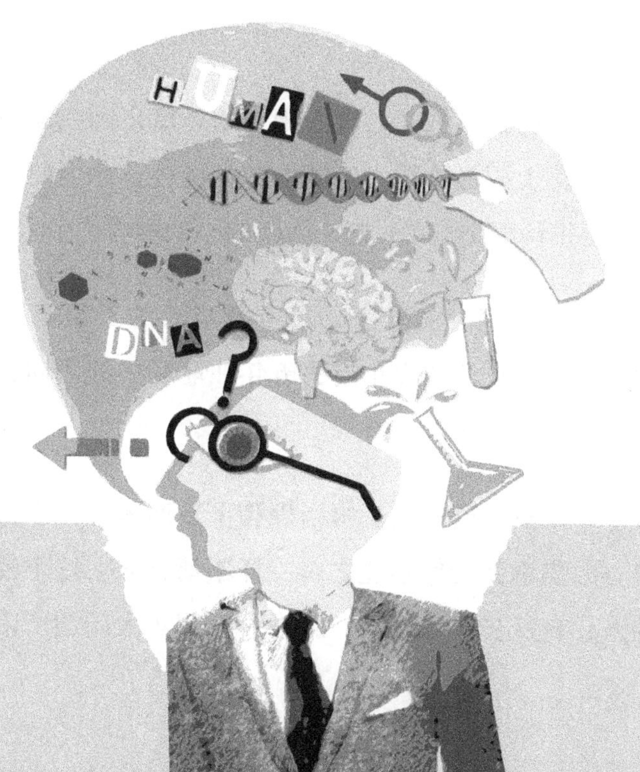

第一章

黑狗的焦虑与困扰

——逻辑清晰，才能破解复杂难题

一个晴朗的周三早晨，温暖的阳光透过窗户洒在黑狗整洁的办公桌上。电脑屏幕上闪烁着精心编辑的数据图表，急促的键盘敲击声与远处传来的手机铃声交织在一起，为新的一天奏响了序曲。

黑狗注视着图表上的数字，思考着当天的工作安排；每个细节似乎都有条不紊，见证了黑狗过去五年在职场中的坚韧努力和不断成长。

然而，旁人不知道的是，每当黑狗下班回家、一个人躺在床上的时候，内心的焦虑就会像不速之客一样不请自来。这个曾经乐观、积极的年轻人，自从步入职场后，就被一系列重大问题所困扰：该如何与排挤我的同事和打压我的上司相处？工作没有成就感，是否应该转换职业路径？目前事业的发展前景，能否满足将来想要的生活？女友已经交往三年了，母亲一直催婚，工作几年下来，虽然存了一些钱，但房价那么高，要结婚吗？结婚前要买房吗？这些问题就像无形的阴影笼罩心头，也形成了一道道难以逾越的障碍。

工作占据了黑狗一天里的大部分时间，加班成了常态，女友、家人和事业很难兼顾，也让他心里有不小的亏欠感。同时，他又感到内心充满了空虚，早已失去从前的轻松和快乐；即使和女友鹦鹉约会时，他也无法像过去一样，轻松地享受日常生活的乐趣。对女友的体贴和家人的关怀也渐渐变得无感，有些话也不方便跟他们说，感觉自己心里离他们越来越远。这些问题不断在他心头累积，演变成无法言喻的焦虑，也让他越来越容易失眠。

虽然他告诉自己“不要想了”，但许多问题仍会不自觉地在他的脑海中盘旋，使他的情绪时而沮丧，时而无奈，充满深深的无力感。内心的空虚和不安，使他找不到真正的宁静。

黑狗也曾阅读相关书籍来寻找解决问题的方法，但发现那些道理、知识虽然能够暂时带来一丝安慰，却很少具体又有效，甚至没有触及问题的核心。这种无助和困惑持续侵蚀他的内心，让他陷入痛苦的轮回之中。他开始隐约觉得，问题不仅存在于外部环境，更关键的是自己内心的纠结和无力解决。

感受到男友焦虑情绪的鹦鹉，不仅深深关切，更渴望能够帮助他缓解内心的压力，于是用温柔的语气说：“我在一本书中读到一句很有道理的话，‘成功的人，是那些将问题视为机会的人’，也许你的每一个问题都蕴含着成长的机会。”黑狗尽管努力摆出笑容，却是“皮笑肉不笑”。虽然鹦鹉察觉到了他的反应，但还是继续说道：“上周我去参加一个培训，那个前辈说的话也很有道理，他说：‘生活就如同大海，风平浪静时请享受，风浪来临时请勇敢迎接，因为它们会把你塑造得更坚强。’”

黑狗静默片刻，轻轻地叹了口气说：“我知道你是真心想要帮助我，但这些鸡汤式的道理对我来说并没有实际的作用。”黑狗语带无奈地说：“我也想积极面对问题，但现实总是令我感到力不从心，甚至不知从何下手。”

“我也知道，那些话并不能直接解决你面临的问题，但我愿意陪在你身边，与你共同面对困境。我们可以一同努力，寻找解决问题的方法。”鹦鹉温柔地说道。

尽管女友提供的“心灵鸡汤”无法解决问题，但鹦鹉愿意同心努力和体贴陪伴，还是让黑狗感受到了情感上的支持，让他获得了一丝希望和力量。他决定振作起来，继续寻找真正有效的解决方案。

于是，黑狗微笑对着鹦鹉说：“你说得对，虽然那些鸡汤不能直接解决问题，但它们传递了一个重要的信息——我需要积极面对困难，而不是沉溺在沮丧和焦虑之中。我要重新找回自己的信心，勇敢地去面对问题，努力解决。”

鹦鹉微笑着点头，她坚信，只要黑狗能够积极面对问题，所有的困难都会逐渐被克服。

鹦鹉继续说：“对了，你有没有考虑找一下乌龟表哥聊聊呢？他比你大十岁，事业也相当成功，相信能给你很好的建议。”

听了女友的建议，黑狗决定寻求表哥的帮助，请教事业和人生问题。他意识到，表哥丰富的成功经验，应该能够提供更切实有效的建议和方法，而不只是简单的情感支持。

第二天，黑狗就踏进了乌龟的办公室，毫不保留地向乌龟倾诉了自己的问题，也诉说了内心的困扰和压力，乌龟则坐在沙发上静静聆听。他经历过职场的高低起伏，以及离婚的打击，深知生活中的问题，并非总能得到简单直接的答案。他的目光充满了理解，因此并没有急于提供解决方案。

最后，黑狗做了结论：“表哥，我越来越难找到快乐了。”眼中流露出落寞的情绪。

乌龟轻轻叹了口气后，才缓缓地说道：“黑狗，我理解你的困扰。职场和生活总是充满挑战，但不要害怕困难，要学会超维逻辑思考，懂得在适当的时机进行调整和妥协。同时也要珍惜时间，平衡工作和生活，不要让焦虑和压力占据心头。你可以从调整时间安排、与同事和上司好好沟通等方面入手，逐步解决问题。”

表哥的建议，让黑狗感觉仿佛隔靴搔痒，没有真正触及问题核心。“表哥，我尝试过调整，但问题依然无法解决。我希望能够找到更实际的有效方法，从根本上解决我内心的困惑和难题。”

乌龟望着稍显焦躁的黑狗，微笑着说：“黑狗，我能提供的建议只是一些指引，只要不过于焦虑，努力改变自己的态度，我相信，问题就会在持续的努力中逐渐明朗起来。说实话，你提出的问题，有些我也无法给出明确的有效方法。”

听到乌龟这样说，黑狗的一线希望再次破灭，只好深深地叹息。乌龟看出了黑狗的失望，赶紧说道：“不要那么快就失望。尽管我帮不上忙，但我最近结识了一位很懂逻辑思考的前辈——猫头鹰。当遇到重大疑惑时，我就会去请教他，总是受益不浅。我相信他能够解决你的难题，如果你愿意，下周我们可以一起去见他。”黑狗仿佛溺水之人看到了救生圈，脸上立刻绽放出灿烂的笑容：“太好了，这太好了，我一定要去见他。”

在回家的路上，黑狗回想着表哥刚才的话，隐约感受到，在当今的复杂世界中，信息多样且科技变化迅速，表哥所提到的“逻辑思考”似乎正是关键所在：要实际解决问题，需要的不仅是鸡汤式的鼓励或信心，还需要正确的策略和行动，而要有正确的策略和行动，就必须运用逻辑思考。

有了这样的领悟，黑狗心中浮现一丝久违的喜悦，仿佛心中的黑夜露出了一线曙光。他感觉到问题的解答不再遥不可及，也感觉自己仿佛站在一个新的起点，迎接着可期待的美好未来，对于下周与猫头鹰的见面，也就更加充满期待。

第二章

猫头鹰前辈的逻辑思考课

——“有道理”是否等同于“合逻辑”

约定的日子终于到来，乌龟带着黑狗和鹦鹉，准时来到了猫头鹰的办公室。办公室是一座独立的两层小楼，一层的大门敞开着，似乎在欢迎任何人的到来。阳光洒在办公室的木地板上，映照出一片温暖又宁静的气氛。

猫头鹰微笑着欢迎来访的三位年轻人。乌龟笑着说：“前辈，这是我表弟黑狗和他的女朋友鹦鹉。他们特地前来，希望能从您这里得到一些指引。”

猫头鹰的目光充满了理解和温暖，微笑地点头说：“欢迎你们到来，乌龟之前已经跟我大致说明了你们的来意。你们有颗积极面对问题又愿意主动学习的心，非常难得。人生的道路上免不了有各种问题，但不用担心，都有方法可以解决。”

四人围坐在一起，房间里除了咖啡的香味，还弥漫着一种平等、开放的气氛。寒暄过后，黑狗便迫不及待地一股脑说出他的困惑和焦虑。同时猫头鹰也看到，乌龟和鹦鹉都不由自主地跟着点头。

猫头鹰静静聆听，他知道这些不仅是生活的难题，更是心灵上的重担。一听完，他就知道了问题的根源，也知道如何帮助黑狗了。

“黑狗，你可能掉进生活的流沙了。”猫头鹰一开口，就用比喻直接指出问题的关键。

“前辈，请问这是什么意思？”

猫头鹰解释说：“生活中，我们每个人都会遇到各种问题。小问题即使没处理好，影响也很小，所以很容易就跨过去了；但如果问题比较重大，又不知道如何解决，生活、心里就有一部分好像被绊住，产生较大的困惑和压力。

“如果同一时期有几个重大问题一起发生，困惑和压力还会相加，甚至相乘。累积到一定程度，再经过一定的时间，就会进一步升级至更有感觉的焦虑感。如果焦虑严重到一定程度，还可能会失去希望，甚至最后选择放弃人生。

“也就是说，重大的问题或困惑如果没有处理好，就很可能会持续累积成压力、焦虑，让我们如同陷入流沙，最后甚至将我们淹没。”

说到这里，猫头鹰特地停顿一下，让三人思考一会儿，才又继续说：

“所以，面对这些情况，要像高明的医生医治重病一样，既要有‘救急’的方法，更要有‘治本’的方法。救急方法可以快速改善难受的压力、痛苦的焦虑，让我们可以较正常地生活，但还是要治本才可以根除问题，让问题不会一再发生，甚至更加严重。

“然而，请先健康地看待每一个挑战，每一次正常的痛苦。它们都是我们成长的动力，因为它们会迫使我们思考、学习、行动，成为更好的自己。”

猫头鹰引导他们走向更宽广的视野，进入更深层的思考。

黑狗看着前辈猫头鹰，叹了一口气，缓缓地开口说道：“前辈，您说的这个过程：问题、困惑、压力、焦虑、无望，正是我的痛苦经历。我就是陷入这种流沙般的漩涡里，感觉到深深的无助和迷茫，差点就要放弃人生了。”

黑狗转头看着女友和表哥，眼神满是柔情和感谢：“幸运的是，我有一直陪伴在我身边的女友和表哥，他们鼓励着我。因为他们的支持和陪伴，我在面对问题和焦虑时才有不放弃的力量。今天幸运地听到您的智慧指导，更让我重新看到希望。我相信，通过向您学习，我可以找到解答，克服困难。可不可以先告诉我，您刚才说的‘救急’方法和‘治本’方法分别是什么？”

猫头鹰微笑地点头：“首先，你需要学习正面思维。不过，正面思维虽然可以带给我们一些信心、力量，但在面对重大问题和压力时，不能只有正面思维，还要有救急、治标的方法，更要有治本的有效方法。

“因为你现在还没有足够的‘超维逻辑思考能力’，还无法同时思考、处理好你刚才说的那几个重大问题。所以，‘救急’的方法就是，针对这几个问题，你先思考一个你认为‘重要又紧急’的问题就好，其他不着急处理的重要事情先放一边。”

他继续解释：“在同时面对许多信息或者多个问题时，如果没办法好好运用‘超维逻辑思考’，我们常常容易把许多问题、信息、知识、经验，像很多毛线一样缠成一团，导致问题更解不开而困惑、焦虑。所以，一次只面对一个问题，不要同时思考多个问题，你就不会因负担过重而有很大压力。有时候你还是会不由自主地想到其他问题，这很正常，只要再把注意力转回你要解决的那一个问题就好，不需要过度纠结于‘说不想，怎么又去想了’的自责情绪里。”

说到这里，猫头鹰话锋一转：“建议你每天练习冥想，从每天五分钟开始就好。同时做适当的运动，先选择自己喜欢又简单的运动来做。不管是冥想还是运动，每天都不用做太多，一开始的目标只是要逐渐养成‘锻炼身心’的习惯，因为我们的身、心、灵是互联互通的，彼此互相影响，所以最好是都持续锻炼。

“养成习惯后，你就已经克服自己的一部分惰性了，再继续看情况增加时间就好了。等到身体和内心开始感受到冥想和运动的好处时，你自然就会更有动力去持续做下去，也就开始进入良性循环。

“最后一点，如果环境许可的话，请尽量做真实的自己，因为长期‘包装’‘伪装’是违背心灵的，会让人心累、不快乐。

“以上这些，是黑狗要自己做的部分。”

猫头鹰转头面向鹦鹉说道：“鹦鹉，你之前做得很好，以后只要继续陪伴黑狗，继续鼓励他。有空时，两人一起去做些轻松、自在、真正想做的事，这样就可以了。”

听完猫头鹰的建议，黑狗再开口时语气多了一份轻松的愉悦：“听了前辈实用又简单的建议，我真的如释重负，谢谢您的指导。我相信这些方法一定可以大幅减轻我心里的压力和焦虑。”话语中充满了感激和期待。

听了猫头鹰和黑狗的交流，乌龟很替黑狗感到高兴，但也忍不住心里的好奇问道：“请问前辈，‘治本’的方法是什么？是否包括深入思考和反思，以及了解问题的本质和背后的原因？同时，是不是也要不断提升自己的思考力和解决问题的能力？”

猫头鹰一边认真倾听，一边微笑和点头，然后说：“你的问题和说明都很好。你说的深入思考、反思和了解问题的本质，还必须了解‘具体方法’是什么、彼此之间有什么关联，否则就会像许多专家、学者都说‘年轻人要会独立思考’，却没有讲明‘具体方法’，这是远远不够的。”

乌龟尴尬地笑着说：“我还真的没想过。”

猫头鹰微笑地说：“嗯，至少你很诚实。简单来说，就是要善于运用超维逻辑思考来处理职场和生活中所遇到的各种问题。因为不论在职场或生活中，思考和努力都一样重要。尤其在复杂又变化快速的科技时代中，如果不够明智，即使很努力，不论是职业发展、创业经营、投资理财，还是恋爱婚姻，成功、幸福的机会就会很渺茫。

“乌龟刚才说的那些思考，就属于逻辑思考的一部分，但因为多数人没有深入钻研，更没有融会贯通，所以就无法想清楚那些思考的彼此关联是什么，也想不明白逻辑思考具体要按照‘哪些逻辑’来思考，当然也就无法活用逻辑思考来处理真实世界的复杂问题了。所以，解决黑狗焦虑的‘治本’方法，就是要学会逻辑思考。”

猫头鹰微笑着暂停了几秒，才又继续说：“超维逻辑思考的具体方法，是要融会贯通形式逻辑、思考逻辑和各种思考模型，并且和我们身处的四维世界契合，得出的方法才会‘易学好用’。

“很多思考课程都只教授某种特定的思考模型，但实际上，思考模型远超过百种。因此，学习了某些思考模型，如结构思考、思维导图、设计思考等，的确可以提升一点儿思考力，让思考、表达比较条理化，但由于每一种思考模型的适用情境都很有限，并无法适用各种思考情境。例如，无法明智判断信息真假或道理对错、不能看清问题本质、不能活用知识，等等。”

这番话和鹦鹉原本的认知有出入，所以，她立刻果断地请教猫头鹰：“前辈，我有个问题想请教。‘有道理’不就是‘合逻辑’吗？一个人的表达如果听来有道理，应该就算是懂得逻辑思考了吧？”

猫头鹰微笑地看着鹦鹉，轻轻地点了点头，表示对她勇敢提问的赞同，并对她说：“嗯，这个问题很好，很值得深思和交流。许多人的想法也和你一样，认为有道理就是合逻辑，然而，骗子、神棍说的话也都有‘部分道理’，但能说是合逻辑吗？逻辑是要符合‘充足理由’，而不只是有‘部分道理’。之后我们会再深入地交流，仔细探讨清楚鹦鹉问的这个问题；但在这之前，我要先问你们一个问题：你们认为，爱情和金钱哪个重要？”

黑狗和鹦鹉很有默契地转头相视，异口同声地说：“爱情。”乌龟则说：“金钱更重要。”

听了三人的回答，猫头鹰微笑着说：“如果从逻辑思考来看，这个问题的答案就是‘信息不足，不足以回答’。因为在实际的生活中，我们很少只是考虑单一条件或单一因素，就连‘过年旅游去哪里玩’这个看似轻而易举的决定，背后可能受到多个因素影响，如预算、休假天数、交通便利性、地方治安等，更何况重大的事情呢。

“即使是同一个人，在不同的情境下也会做出不同的选择。逻辑的准则之一是‘充足理由’，按理性的逻辑思考来说，这个问题的答案就是信息不足，不足以回答。如果在缺乏充足信息、理由下，你们还能给出自己的答案，就不符合逻辑思考的准则，也就不是逻辑思考了。很可能在生活中，你们并不清楚逻辑思考要遵循哪些逻辑，所以就习惯用非逻辑的‘价值观思考’下结论。”

紧接着，猫头鹰又问：“举个例子来说，2023年10月初爆发的‘巴以冲突’，你们认为责任在谁身上？”

黑狗首先说：“哈马斯先攻击以色列，所以责任在哈马斯身上。”

鹦鹉马上反驳："即使哈马斯先动手，以色列也不应该攻击加沙地区，里面有很多无辜人民，还有许多小孩啊！"

乌龟听了两人的分享，突然领悟了问题的核心，说道："前辈，我发觉我们对同一件事，往往会陷入'见仁见智'的困境——是不是因为在'价值观'的作用下，我们思考时会偏重某些要素，而忽略了其他要素？"

猫头鹰肯定地点了点头："乌龟看出问题了。我的目的，就是用这两个例子让你们理解'价值观思考'的盲点。也就是说，在主观的'价值观'作用下，不自觉地选择自己偏好的部分信息来思考而形成结论，没有调和其他关键信息，以至于对人、事、物的理解容易以偏概全。由于只知皮毛，处理问题时往往'治标不治本'，与人交流时，就容易出现'公说公有理，婆说婆有理'的情形。

"价值观虽然在名称有个'观'字，似乎只是脑中的想法、观念，但本质上它与我们的喜好、欲望、情感、性格等心灵层面有紧密关联，也受到它们的巨大影响。"

听了猫头鹰的说明，乌龟接着又问："前辈，那我们应该怎么看待这次的巴以冲突呢？"

猫头鹰缓缓说道："很多人在看待、谈论事情时，往往会把很多信息、事情混为一谈，当然就不容易说得清楚明白了。所以，为了避免'混为一谈'，我们就要学习一件事、一件事地就事论事。

"就像法院审案一样，如果同一个人牵涉好几个案件，就必须一案一审。哈马斯先攻击以色列，明显是哈马斯有错在先，按常理来说，以色列就有自卫权利。但以色列反击哈马斯时，因此伤害到无辜的巴勒斯坦人，毫无疑问是自卫过度，也就是错误在后了。同样的道理，我一般不会武断地把人分成好人、坏人，只会判断‘这个人所做的某件事’对或不对，只根据某一件事来就事论事，因为好人不但可能会做错事，甚至在某些情境下也会做坏事。

“另一种更好的方法，就是融会贯通所有关键要素，包含一些看起来矛盾的要素，而不是只看‘部分要素’。其实，我们从小到大都听过很多看起来矛盾的话，例如，‘三百六十行，行行出状元’vs‘万般皆下品，唯有读书高’；‘大丈夫宁死不屈’vs‘大丈夫能屈能伸’；‘姜是老的辣’vs‘青出于蓝胜于蓝’。

“网上随便搜索，就可以搜出数十句这种互相矛盾的话，两边的话都各自有‘部分道理’，却都没有融会贯通。所以，你讲某一边的道理，我就很容易用另一边的道理来反驳你，最后导致各说各话、以偏概全，这其实是价值观思考而导致‘因情乱思’的结果。如果还不具备能够融会贯通的逻辑思考力，就至少要先了解其中的假设前提或者适用情境，否则就很容易错误套用在不合适的情境下。

“NVIDIA（英伟达）创始人黄仁勋说：‘我之所以选择去挑战世界上没有人做过而且很难做到的事，是因为这样就阻止了许多人进入。’他这句话听起来很有道理，但适合每个人吗？一般人不一定适用，因为它的先决条件很高。也就是说，很多道理、名言都有其先决条件或适用情境，如果没弄清楚，不管三七二十一就盲目相信、套用，后果往往会很严重。”

最后，猫头鹰说：“在生活中判断信息真假、道理对错，以及在表达说服、处理问题、理性决策、活用知识的时候，都很考验个人的逻辑思考力。之后我会逐步地深入说明清楚训练超维逻辑思考的知识体系和具体方法。俗话说‘贪多嚼不烂’，今天先聊到这里，免得你们消化不了。我们下次再继续深入交流价值观思考，你们回去可以先想一想。”

乌龟说：“是啊，这样最好。”

在回家的车上，乌龟对黑狗说：“你觉得如何？”

黑狗说道：“太好了，前辈给出的建议具体又实际。表哥，太谢谢你了，谢谢你带我来认识前辈。”他兴奋的情绪难以掩饰，声音中透露出一种激动和感激。“我会牢记前辈的建议，同时也会积极地实践冥想和运动，尽量不再伪装自己。”黑狗的话语中重新充满了活力和正能量。

鹦鹉满是喜悦，她说道：“看到你这么激动和充满信心，我好高兴。你的进步和积极态度，让我也感到振奋，你一定会克服困难的。”

第三章

你的“价值观思考”有问题！

——“理智导情”方能避免“因情乱思”

接下来的一周里，黑狗的工作依旧忙碌，但他的内心已经发生了变化。周围的同事也察觉到这无声的转变——因为久违的笑容已经重新回到了他的脸上。

黑狗不再陷入多个问题的重重纠结中，即使他还没有想到良好的解决方案，但这样的改变已明显减轻他的压力和焦虑。此外，他也开始尝试身体和心灵的锻炼，每天抽出时间慢跑，再加上每天五分钟的冥想，终于让他的内心感到一丝舒缓和平静。

不只黑狗，乌龟和鹦鹉也都利用空闲时间体会猫头鹰所说的“价值观思考”，并且观察自己的思考方式和实际生活。

乌龟发现，很多人的判断和选择都受到价值观的巨大影响，导致各种非理性行为，而且这种现象在每次选举时特别明显。自省后也发现，自己很多的思考和结论，的确就是猫头鹰所说的价值观思考的产物。

鹦鹉则反复思考猫头鹰的解释和实例，更好地理解了价值观思考的概念。对照自己与闺蜜相处、聊天时的情况后她意识到，彼此之所以对同一事物产生截然不同的看法和行为，就是因为不同的“价值观”作祟，有时候还会因此而斗嘴、争执，又往往都自以为是对的。

黑狗也开始关注自己的思维方式和行为，试图从中发现与价值观相关的线索。他因此察觉，有时候自己的选择和情绪确实受到内心价值观的强烈作用，在生活中对自己产生了不小的影响。

在上周的交流中，三人见识过猫头鹰的功力后，都迫不及待地想要再次聆听他的指导。于是，三人再度来到猫头鹰的办公室。

猫头鹰先是笑着看黑狗：“黑狗，你上星期感觉如何？”

黑狗说：“前辈，我按照您的方法进行了调整，还开始锻炼身体和冥想，压力和焦虑减少了很多，感觉自己正在恢复到以前的状态。”他的语气中充满了喜悦和兴奋，话语中洋溢着积极的能量。

“同事和家人都说我变得更积极，也会笑了，不再像以前一样，一脸苦瓜。”黑狗笑着说。

“黑狗，你就继续这样做，调整过程中如果遇到什么问题，或者还有什么不清楚的地方，可以随时问我。”猫头鹰亲切地鼓励着黑狗，语气中充满了关心和支持；因为他深知，成长的道路上一定会遇到挑战和困惑，所以用行动和话语帮助黑狗。

停顿了一会后，猫头鹰笑着看向乌龟，问道：“你上周感觉如何？要不要也分享一下你的感悟？”

乌龟微笑着点头：“前辈，您上次对价值观思考的解释，我对两个关键部分特别有感触：一个是不自觉地‘选自己偏好’的信息，另一个是‘没有调和’其他关键信息。我发现，价值观思考似乎是多数人主要的思考方式，连我也常常用这种方式在思考，只是以前不知道。最明显的例子，就是选举的时候不少人立场很强烈，因为只用个人价值观思考，导致只选择自己偏好的信息，和自己‘价值观’不同的信息就不愿意聆听，真的是‘因情乱思’。”

猫头鹰听了以后，微笑着补充说：“如果习惯用价值观思考，有些事，例如刚才说的选举的例子，不少人内心往往会‘先’有自己的价值观、立场或意识形态，然后再找出信息来支持和证明‘自己价值观’的结论，也就是俗话说的‘先射箭，再画靶’。我们都知道，正确方式是要用靶来引导射箭，因此，要先用理性、客观的逻辑思考，引导个人的价值观，这就是‘理智导情’。”

黑狗马上接着说：“我以前也会‘先射箭，再画靶’，例如，对一个同事或朋友，心里已经有了成见，甚至贴上了标签，对方之后的言行，就会在‘有色眼镜’下的标签去理解，很难客观地认知。我也意识到，自己的很多选择和情绪都受到内心价值观的强烈影响。以前还要努力要求自己的思考‘平衡’理性和情感，经前辈的解释，我才知道，应该要运用逻辑思考来引导价值观。”

猫头鹰微笑着看着三人，满意地点了点头："你们的分享融合了实际生活，这说明你们用心去理解和应用。你们看一下图3。

图3　价值观思考

"图3中，A男、B女、C男三人，在面对信息1、信息2和信息3时，不自觉地按照各自的价值观'选自己偏好'的部分信息。例如，A男选择偏好的信息1、信息2，忽略信息3；B女选择偏好的信息1、信息3，忽略信息2；C男选择偏好的信息2、信息3，忽略信息1。三人共同的问题都是以偏概全，没有调和其他关键信息，以至于做出符合自己价值观，但截然不同的结论、决策和行动，如A男赞同、B女不赞同、C男没意见。

"举例来说，同一位艺人的言行、作品或打扮，喜欢他的粉丝和讨厌他的黑粉反应往往两极化，就是因为大家都使用价值观思考所导致的结果。同样地，同一位政治人物的言行、新闻事件，抱持不同价值观、立场的选民的解读往往会有很大差别。你们再看一下图4。

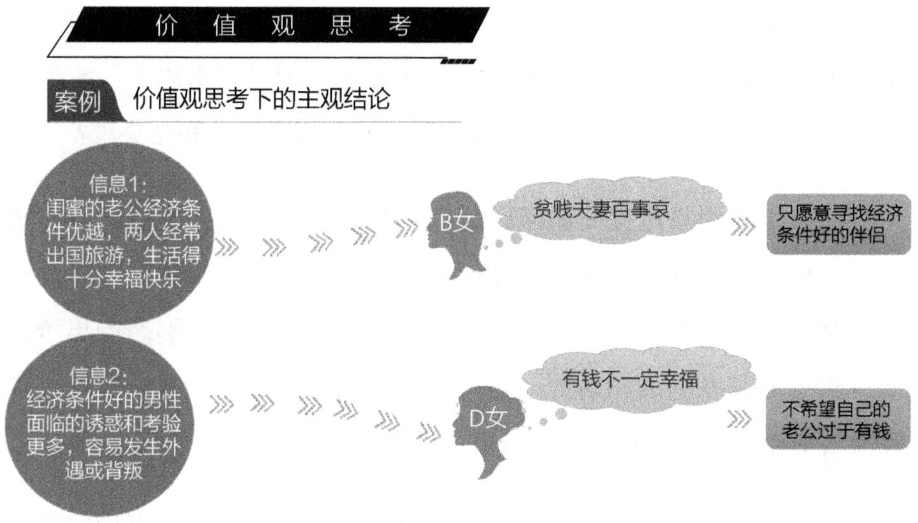

图4　价值观思考案例

“同样面对信息1和信息2，B女的价值观认为‘贫贱夫妻百事哀’，所以将关注点落在信息1‘闺蜜的老公经济条件优越，两人经常出国旅游，生活得十分幸福快乐’，不自觉地忽视信息2‘经济条件好的男性面临的诱惑和考验更多，容易发生外遇或背叛’，因此选择对象时只重视对象的经济能力。D女的价值观则认为‘有钱不一定幸福’，可能就会倾向看重信息2，因此选择‘不希望自己的老公过于有钱’。两位女生的价值观不同，所以就不自觉地选择自己偏好的信息，做出不同的结论和行动。从这个例子就可以看出价值观思考是如何影响一个人的思考、选择和行动的。

“正如马斯克所说：‘人们普遍会犯的一个最大错误，我曾经也犯过的，就是思考时会选择忽略某些事实，而进一步期望某些事情发生，就产生一厢情愿的现象和结果。’这种最大错误，就是价值观思考所导致的。”

这时候，乌龟提出他的疑惑："前辈，这样看来，似乎多数人都是用价值观思考，那么，这种'价值观思考'和'逻辑思考'有何差别？又有何关联呢？为什么不可以用自己的价值观思考和做决策？"

猫头鹰听到乌龟提出的问题，立刻对着乌龟竖起大拇指，欣然笑道："你的问题问到关键了。你们应该都已经发现，价值观思考是一种主观的非理性思考，有时候甚至是一种情绪化或意识形态的思考，而逻辑思考则在它的相对面，是一种客观的理性思考。我们常说'观点没有对错'，指的就是价值观思考所形成的个人观点。

"在我们'个人'的事务上，以价值观思考来形成观点确实没有对错之分，因为每个成年人都有权利在自己的事上做主，也必须承担自己做主的结果。例如，我可以选择抽烟，这是我'个人'的事。"

猫头鹰继续娓娓道来："然而，如果事情涉及'别人或群体'，就有对错了，如果再单纯根据自己的价值观喜好来思考、选择，往往会和别人产生矛盾，和群体或社会发生冲突，却还自认为有道理。例如，我可以喜欢抽烟，自己承受得了肺癌的风险，却不能在医院里或任何法定禁烟区抽烟，因为此时'个人'的价值观选择已经涉及'别人或群体'了。"

一见三人都点头，猫头鹰马上接着说："再举一个例子，你们肯定不会跟老板说：'经过反复思考，我认为十点上班对我来说更合适。'"

鹦鹉听后忍不住笑出声："哈哈，正常人都不会这样啦。"

猫头鹰接着鹦鹉的话，笑着说："是啊，我们对老板不会这样，可是对情侣，或对父母，却经常不自觉地希望或要求对方，按照自己喜欢的方式来对待我们，忽视对方的感受，还可能自认为有理。”

三人听后，默然无声。

没多久，黑狗伸出手，紧紧握住鹦鹉的手，仿佛在默默向她表达歉意，同时问道：“前辈，这是不是说，只要涉及‘别人或群体’，我们就应该多用逻辑思考，而不要用价值观呢？”

猫头鹰微笑着回应黑狗：“嗯，你的反应很快，说得也有部分道理，但不完全对。我不是要你们丢弃价值观。

“我上次说过，‘价值观思考’的‘观’从字面上的意思来看，似乎意指心中的想法、观念，但实际上价值观与我们的爱好、欲望、情感、性格等层面有紧密关联，也深受影响。例如，前几年流行‘断舍离’，很多人做不到的原因，真的只是因为不理解‘断舍离’的概念或好处吗？还是因为个人情感而断不掉、因为性格而舍不得、因为欲望而离不开？”

猫头鹰没等他们回答，马上往下说：“价值观可能发展成情绪、意识形态，也有可能成为很有正面力量的中心思想、使命感，所以不是不能用，实际上也不可能不用，而是要以理性、客观的逻辑思考来引导价值观，就能‘理智导情’，也才能避免‘因情乱思’。”

听到这里的乌龟，赶忙说道：“前辈，您的话让我看到一个原则，就是欲望、情感、性格等因素对人的影响，显然要比想法、观念来得更强大而且更深刻。”

猫头鹰环视三人，微笑着说：“乌龟说得很对，所以理性的逻辑思考就更显得重要了。虽然价值观的影响力相当巨大，但并不是说我们就要被价值观牵着鼻子走。因此，在自己强烈的价值观下，我们要先运用客观的逻辑思考做出理性的判断，推理出合理、正确的结论，甚至用逻辑思考检视、修正我们原有的偏差价值观，才不会陷入价值观思考的误区，做出情绪化的错误选择或行动。”

喝了口咖啡后，猫头鹰又说：“总的来说，先用逻辑思考，就能‘理智导情’。俗话说‘旁观者清’，为什么旁观者会看得比较清楚呢？因为旁观者没有牵涉其中，就没有价值观产生的立场，或利益产生的情绪，自然就会比较理性。我们再来回顾一段历史，来看看在同样的环境、压力下，这两类不同的思考会产生多大差别。”

猫头鹰接着说：“清朝末期，慈禧太后试图利用义和团对抗西方势力，导致了暴力事件和无辜平民的伤亡。清政府发布了宣战诏书，随后八国联军攻入北京。在这一过程中，武卫军遵从命令参战，而东南各省巡抚组成了‘东南互保’，北洋海军未参战。在专制皇权下，有人盲目顺从，有人则基于良心和理性选择了抗命。”

猫头鹰继续说：“再举一个故事，1989年柏林墙倒塌，到了1991年9月，两德统一后的柏林法庭即将对亨里奇的罪行宣判。当时他还未满30岁，以前是柏林墙的卫兵，因开枪杀死企图攀爬柏林墙投奔自由的20岁年轻人克利斯而被告上法庭。亨里奇的律师辩称：‘作为一名守墙士兵，亨里奇只是在执行命令。军人执行命令是天职，他别无选择。要说有罪，那也罪不在他。’

“然而，法官却说：‘东德法律或许要求你去杀人，但你明明知道那些试图逃离的人都是无辜的，明知无辜却选择杀害他们，这就是罪行。作为一名军人，当发现有人翻墙越境时，不执行上级命令（开枪）是有罪的；但是，你可以选择打不准，而打不准是无罪的。身为一个心智健全的人，在举枪瞄准自己的同胞时，可以稍稍抬高一点枪口，这是你应主动承担的良心义务。’法官说完，亨里奇的眼睛里充满泪水，胸口剧烈地起伏。他转向克利斯的家人，说了句‘对不起，我错了’就低下了头。最后，他因蓄意射杀罪被判三年半徒刑，且不予假释。

“爱国是一种普遍的价值观，但国家不仅仅是由领导人领导和指挥的。除了遵循领导人的命令，我们还应考虑天道、良心和常理。因此，我们应用逻辑思考来审视领导人的命令是否违背了良心和常理，以免成为盲目执行命令的柏林墙士兵亨里奇。你们看一看图5。

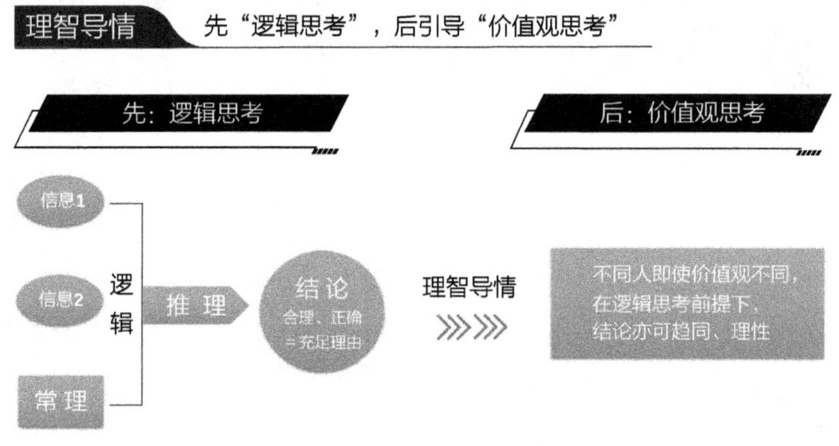

图5 理智导情过程示意图

“简单来说，逻辑思考就是遵循逻辑准则来思考信息和常理，借以推理出符合逻辑通洽，又有‘充足理由’的结论，也就是合理、正确的结论，而不是只合乎‘部分道理’的结论。不同的人，即使有不同的价值观，如果都遵循逻辑的思考准则，也可以产生理性上趋同或一致的结论，就能避免‘公说公有理，婆说婆有理’的困境，这个过程，我称之为‘理智导情’。

“如果个人能够活用逻辑思考，就能进一步达到‘理智导情’，明智地处理生活中的各种难题。今天就先说到这里，请你们把我刚才说的内容再思考、消化，下周我们再继续往下讨论。”

离开猫头鹰办公室时，黑狗三人都没有说话，在脑海中消化那张图。这次的交流不仅打开了他们的视野，也丰富了他们的知识。猫头鹰还通过深入浅出的解释，帮助他们更好地理解了价值观思考与逻辑思考的区别和关系。

在这场逻辑思考的盛宴之后，乌龟带着黑狗和鹦鹉去享受美食了。毕竟，美食也是一种“普世价值观”嘛！

第四章

如何避免“只知皮毛”

——问对问题，迈出“逻辑思考”的第一步

这个周六，黑狗和鹦鹉一起带着小学二年级的可爱侄子去动物园玩。第一次带小朋友出去玩的黑狗惊讶地发现，小朋友怎么像永动机一样，有无穷的活力。天马行空的各种怪问题也让黑狗招架不住，即使用上百度也难以应付，因为还要将知识转化成小朋友听得懂的话来讲给他听。

黑狗深入思考后发现，这些表面上看似奇怪的问题，本质上似乎是来自孩子天生的好奇心和想象力。经过这样深入的思考后，黑狗对小孩子喜欢问问题这件事的认知有了巨大的转变，也对小侄子的提问更有耐心了。

他兴奋地发现，深入思考后，对事物的认知和眼见的表面思维大不相同，能穿透眼见的表象，有种“拨云见日”的通透感。原来，思维不同，不但认知会不同，感觉、反应和行动也都会随之变化，所以有句话说：“人的一生，都在为自己的认知买单。”

于是，在聚会开始前的闲聊中，黑狗就和大家分享了这次深入思考的心得。

猫头鹰一听完就说：“黑狗，你真棒，我没想到你这么快就开始深入思考了。的确就像你说的，当你开始深入思考后，对事物的认知和反应就会有翻天覆地的变化。有了深思本质的能力，再看这个世界和事物就会有通透感，更能看清真相，不再被表象迷惑、误导了。”

猫头鹰继续说：“今天就从小朋友爱发问说起吧。就像黑狗所说的，小孩子会很自然地问很多问题，的确是由人天生就有的好奇心所驱动的，而且问问题是思考的开始。

“举个例子来说，以色列人崇尚思考训练。小朋友放学回到家，父母不是问‘今天老师教了什么’，而是问‘今天你在学校问了什么问题’。家长、老师和整个社会都鼓励孩子提出各种问题，甚至不同意见，不会批评说‘你怎么这么多问题’‘你为什么不能和别人一样’。即便在军队里，以色列也是鼓励士兵思考如何执行长官的命令。”

猫头鹰接着说：“以色列民族崇尚思考的文化，结出了丰硕的果实。人口总数不到全球的0.2%，诺贝尔得奖数量却超过20%。以色列还被称为‘中东硅谷’，人均创业公司数量世界第一，而且在美国纳斯达克上市的科技公司数量，以色列名列第三，仅次于美国和中国。以色列四周全是虎视眈眈的中东国家，还经历过五次中东战争，但2022年人均GDP达55000美元。”

鹦鹉立刻有感而发：“是啊，有人说，以色列教育的目的在于把学生培养成创业者、企业家。”

黑狗惊讶地说：“原来社会的深度思考文化的影响这么巨大啊，以色列真了不起。”

猫头鹰继续缓缓地说：“我们的传统文化、教育和社会环境，确实很容易忽略激发学生的好奇心和想象力，反而偏重‘灌输知识’给学生，很少教导‘逻辑思考’的方法，甚至不少老师只允许标准答案。举例，有小学老师问：‘煮一颗鸡蛋五分钟，煮三颗鸡蛋要几分钟？’标准答案是十五分钟。有学生回答：‘还是五分钟，因为煮蛋都是一起煮的。’结果老师说：‘答错了。’这就是标准答案的问题和危害，不容许其他‘合理答案’，禁锢了思维力，压抑了创新力，甚至残害了学生的好奇心和想象力！

“灌输知识的教育方式，压制了学生的好奇心和主动探索，容易让学习没有乐趣，导致学习缺乏积极性，甚至带来压力，造成当地高中生的压力指数（16.0%），是初中生（8.2%）的将近两倍，更导致很多人的好奇心逐渐消退，也越来越少问问题了，无法适应复杂又多变的科技时代。”

说到这里，猫头鹰语气一变：“既然思考可以创造出高价值，那么，我们就先来探讨一下‘思考’是什么吧。”

“思考，是认知世界、处理信息（判断、推理）、创造价值的方法和过程。因此，思考的三大组成包括认知、判断、推理。你们看一下图6。

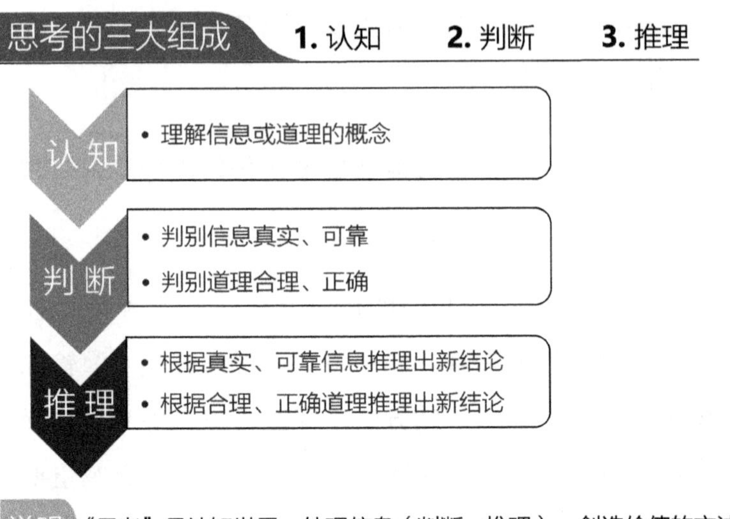

图6 思考的三大组成

“1. 认知，是理解信息、道理的概念。对于一个孩子而言，思考始于对世界的认知，所以小朋友的第一个问题是：‘妈妈，那是什么？’妈妈说：‘那是车车。’小朋友就开始认知，那个样子的东西就是车子。同样地，我们学习许多新事物、新知识，也是从外观、名称、文字、图片、视频等各种信息或道理，作为一开始的认知，如元宇宙、AI。

“2. 判断，是判别信息、道理，做出肯定或否定的结论。在生活中，主要是判别信息是否真实、可靠，道理是否合理、正确；尤其现在有许多信息、新闻似真还假，很多专家说的道理似是而非，很多传统观念、过去经验更已经昨是今非。

“3. 推理，是根据已有的信息、道理，推导出‘新’结论，而且所根据的信息必须是真实、可靠的，所依据的道理必须是合理、正确的。从我们生活中常用的推理语句来看，例如，‘因为……，所以……’‘如果……，那么……’‘在这些前提下……’‘综上所述……’就可以说明，我们几乎无时无刻不在推理自己的‘新结论’。”

猫头鹰进一步说道：“不少人在思考的认知阶段时，其实并没有正确且深入地理解信息、概念，导致在理解信息、学习知识时，往往用二维的‘表面思考’，而只看见事物表象，也就是俗称的‘只知皮毛’。”

黑狗摸摸头，然后问道：“前辈，那我应该怎么做才能避免只知皮毛呢？”

猫头鹰看着黑狗，愉快地笑了起来：“嗯，你把新学的知识用在自己身上，非常好。事实上，很多人其实并没有意识到自己只知皮毛。

“世间事物和知识都是立体、有深度的，无论是具体的人或物，还是抽象的知识、事情、问题。我们生活在四维世界里，如果只使用‘眼见为实’的二维表面思维，就如同‘将立体的球错误认知为平面的圆’，只知皮毛也就很难避免了。

“眼见为实不是全错，但有很大的局限、偏差，因为只能看到局部的表面，就会成为盲人摸象，看人就会知人知面不知心。为什么我们会只知皮毛呢？因为皮毛（表象），都是我们直接感知、看见的层面。如果思考只停留在眼见的表面，没有再深入思考到‘三维的本质’，自然而然就会只知皮毛了。”

猫头鹰接着往下说：“那么，要怎样深入思考到‘三维的本质’呢？不妨先来看看小朋友是怎么问问题的。问问题是思考的开始，小朋友自然发问的问题，也正代表了我们的初级思考。小朋友问的第一种问题就是‘什么（What）’。例如，‘妈妈，那个是什么？’第二种问题当然就是‘为什么（Why）’了，所以就有《十万个为什么？》这本童书。

“长大后，我们又是怎么学习知识的呢？对于自己不重要的知识，例如，孔子讲的‘仁’、老子说的‘道’是什么意思？或者不直接运用的知识，例如，‘元宇宙’是什么？关于这部分，我们往往只学习‘什么（What）’，只知道字面意思，也就是只知皮毛，就像小朋友对事物只有表面的认识、基本的感知。

“然而，对于重要知识或重要事情，就需要清楚因果、关联性（Why），还要清楚有效方法（How）。”

猫头鹰接着说：“所以，为了避免只知皮毛，就需要深入思考这三种问题：What+Why+How，也呼应古人所说的‘知其然’（What），又‘知其所以然’（Why），还‘知其门道’（How），这就是深度认知的三大要素，而不会再只知皮毛（What）、只看表象了。你们看一下图7。”

思考组成一：深度认知　What + Why + How

What
•知其然（只知皮毛）

Why
•知其所以然

How
•知其门道

例一
逻辑

What1：逻辑是什么？
What2：形式逻辑和思考逻辑有什么差异、关联？

Why1：为什么需要学逻辑？
Why2：不用逻辑，为何会产生严重误判？

How：逻辑思考的具体方法是什么？

例二
断舍离

What1：断舍离是什么？
What2：断舍离和清心寡欲有什么差异、关联？

why1：为什么要断舍离？
why2：没有断舍离，为何会有问题？

How：如何做到断舍离？

图7　深度认知的三大要素

猫头鹰接着说：“如果只理解‘逻辑’的字面意思——准则、规律，那就只有认知（What1），就是只知道皮毛。生活中，我们学了很多知识，很多知识其实我们都只是知道What1，也就只能当作聊天闲谈而已；也因为还不清楚Why、How，别人如果多问几句，就会被问倒了。

“然而，逻辑是要用来引导思考的，所以除了认知‘逻辑’是准则的含义（What1），还要理解：形式逻辑、思考逻辑、思考模型有什么差异和关联（What2）？为什么需要逻辑（Why1）？不用逻辑思考，为什么会产生偏差判断、推理（Why2）？以及逻辑思考的具体、有效方法（How）。

“也就是说，如果知其然（What），又知其所以然（Why），还知其门道（How），就是‘深度认知’，而不再是只知皮毛（What）。”

黑狗一听完就接着说："所以，我们应该把有限的时间和精力，尽量投资在重要知识和关键能力上，避免只知道皮毛。"

猫头鹰点点头："没错。从表面的What深入到Why，再到How，可以引导我们逐渐深度认知，就能避免只知皮毛，后续的判断、推理的决策和行动，也才不会随之偏误。

"那么，如果明白逻辑思考很重要，却还不知道How，该怎么办？就要自己建立融会贯通的'知识体系'，或者向已经建立'知识体系'的前辈学习。自己搭建重要知识的'知识体系'要花费很多时间、精力，不但必须参考、运用很多前辈的研究成果，更要有融会贯通知识的思考力，也就是能够活用逻辑思考力。"

乌龟问："前辈，判断、推理这两种思考都是处理已有的信息，也都会产生结论，两者看起来很像，关键差别是什么？"

猫头鹰说："做菜所用的各种食材、配料、佐料，就好像思考所用的各种信息、道理、知识、经验等。判断在于判断信息'本身'，就像判断食材本身是好是坏，而且做出的结论不是肯定就是否定。推理则是要运用可靠信息、正确道理来推导出新的合理结论，就像运用好的食材做出美食一样。你们再看一看图8。"

"如果遵照逻辑，判断、推理就成为逻辑判断、逻辑推理。生活中的逻辑判断，主要运用于判断信息真假、道理对错。在逻辑推理前应先逻辑判断：所运用的信息是真、是假？道理是对、是错？合乎逻辑判断的信息、道理，才能作为逻辑推理的基本论据。

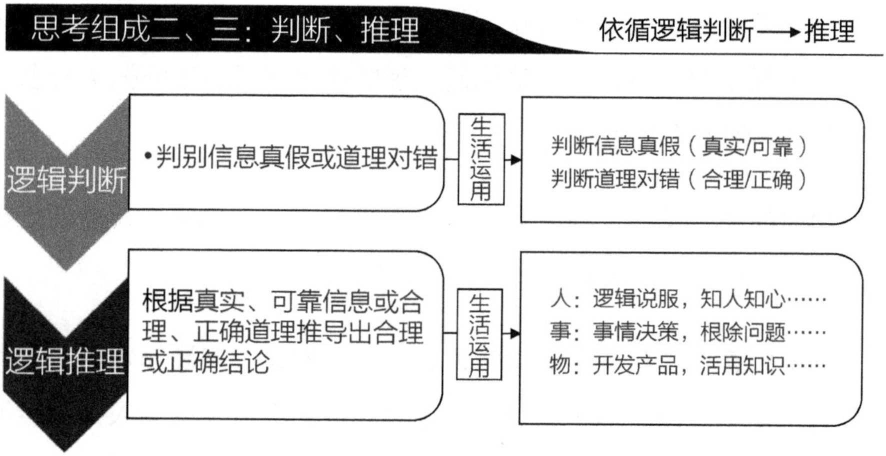

思考组成二、三：判断、推理
依循逻辑判断——推理
逻辑判断
•判别信息真假或道理对错
生活运用
判断信息真假（真实/可靠）
判断道理对错（合理/正确）
逻辑推理
根据真实、可靠信息或合理、正确道理推导出合理或正确结论
生活运用
人：逻辑说服，知人知心……
事：事情决策，根除问题……
物：开发产品，活用知识……

图8　思考组成二、三：判断、推理

“活用逻辑推理可以推理出有‘充足理由’的‘新’结论，也就是合理、正确的结论，在生活中的运用范围更广，也可以应对更复杂的思考情境，如逻辑说服、正确选择、根除问题、开发产品、活用知识等。你们再来看一下图9。

逻辑思考的三阶段
1. 深度认知 ——> 2. 逻辑判断——> 3.逻辑推理
深度认知
• 深度理解信息/道理含义
知其然（What）+知其所以然（Why）+知其门道（How）
逻辑判断
• 判别信息真假/道理对错
生活运用
判断信息真假（真实/可靠）
判断道理对错（合理/正确）
逻辑推理
• 根据信息/道理推导出合理/正确结论
人：逻辑说服，看人用人……
事：事务决策，根除问题……
物：开发产品，活用知识……

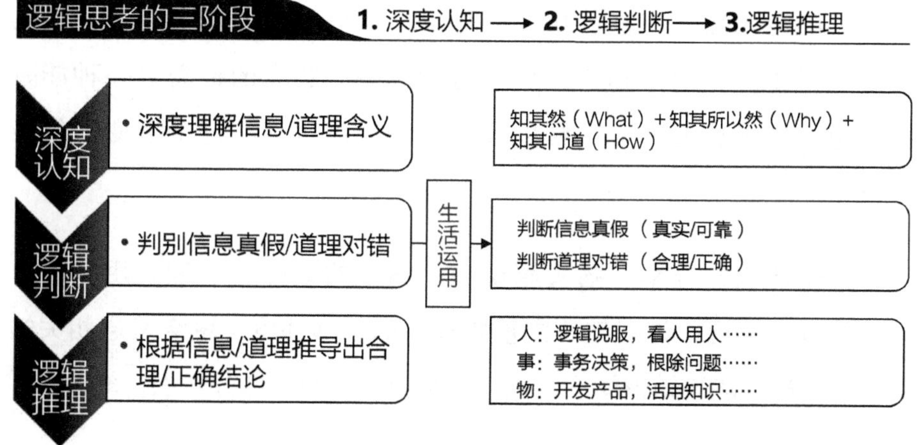

图9　逻辑思考的三阶段

“思考的三大组成是认知、判断、推理，逻辑思考则包含深度认知、逻辑判断和逻辑推理。请你们先理解这张图所表述的框架概念，之后我会详细说明具体方法。”

鹦鹉仔细看了图，略微思索后，提出疑问：“前辈，人类天生就会思考，为什么我们许多人却不会逻辑思考呢？”

猫头鹰看着鹦鹉，点头微笑说：“嗯，你这个问题非常好。人类的确天生就会思考，但逻辑思考却不是天生就会的，就像人人都会用演绎法、归纳法来推理，但多数不符合逻辑。关键原因是逻辑思考要融会贯通逻辑准则，来引导天生就会的思考，才能在AI科技时代的复杂世界中，逐渐培养逻辑思考力，从而创造高价值。”

乌龟听了以后，感慨地说：“确实，现在新概念和新知识不断出现，通常都挺抽象又复杂，而且不论是职场发展、创业经营、投资理财，还是小孩教育，新的变化也越来越多。我之前学的那些思维模型，早已经无法适应这些快速变化了，搞得我在面对许多新问题的时候也很迷茫，都不知道如何思考和解决。我真的很需要一种能融会贯通的逻辑思考方法，帮助我更正确地应对现在这个多变的复杂环境。”

听完乌龟的分享，猫头鹰说：“乌龟的话很有道理。用知识体系来看就会发现，许多教不同重要知识的老师并没有融会贯通相关知识，也就没有建立知识体系，往往只是根据片面、部分知识在教导。

“举例来说，同一本《圣经》或同一套佛法，只因为不同老师的诠释差异分化成许多教派，教导上的差异还挺大的，这就是因为没有融会贯通，只是各取部分、片面来教。同样道理，虽然都是逻辑思考，如果老师没有融会贯通，当然也就‘一人一把号，各吹各的调’了。”

乌龟恍然大悟地说：“以前我去听一位大师讲课，课后我特地请教他一个问题，结果他回答我‘只可意会，不可言传’。以前我以为是自己慧根不够，现在觉得可能是大师回答不出，所以这样说。”

猫头鹰听完微笑着说：“很多知识非常专业，想融会贯通的确要花不少时间和精力。我也有很多知识不懂，或者只知皮毛，但要勇敢、诚实地承认，不懂装懂的老师，就会误人子弟了。你们再看看图10。

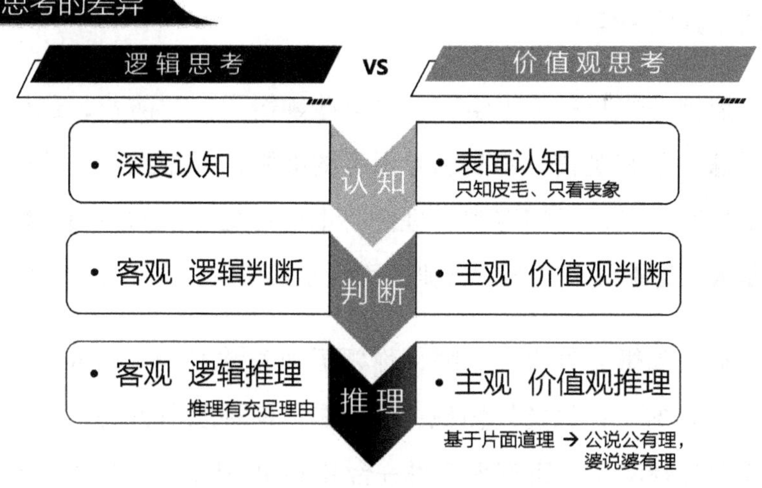

图10　逻辑思考vs价值观思考

“结合、对照思考的三大组成——认知、判断、推理和逻辑思考、价值观思考，就是这张图。相对于客观的逻辑判断，如果习惯价值观思考，在价值观的强烈影响下，判断就会成为主观、非理性的价值观判断，甚至是情绪化、立场化的偏见。选举时，这种现象尤为明显，但其实平日生活中也很常见，只是很多人察觉不到。

“相对于客观的逻辑推理，如果习惯价值观思考，推理就会在价值观的强烈影响下，成为非理性的‘价值观推理’，也就是‘先射箭，再画靶’，当然只会有主观的‘片面理由’，导致‘公说公有理，婆说婆有理’的现象。”

猫头鹰接着说：“另外，如果只按照自己的经验来判断或推理，就会成为经验判断、经验推理了，往往会简单地直接套用经验，无法适应环境、时代的变化。例如，父亲根据自己过去经验，认为以前自己当医生有钱、有地位、有名声，可能就希望儿子也去考医学院，却忽略了其他关键要素。”

黑狗一边听一边思索，似乎有些领悟了：“前辈，这样看来，价值观、经验和逻辑，都是引导思考的准则，只是经验、价值观属于个人的主观准则，不够客观、理性，也往往是二维的表面思维，而逻辑则是大家普遍认同的客观准则，而且是四维的。”

猫头鹰微笑着说：“嗯，你领悟到关键了。我们再来看看，古人传承下来的‘思想类’知识，主要是以何种思考方式产生的？我先举个实例。1884年，康有为获得一台300倍的显微镜，连续好几天，他像小孩子得到渴望很久的新玩具一样，抓到什么看什么。水中的蠕虫、地上的蚂蚁这些小东西，在显微镜里看起来变得很大，让他由此悟出了‘大小齐同之理’。我们来看看图11。

初级思维模型一　联想、类比＋归纳

图11　初级思维模型一

“康有为从显微镜看到的事物和现象，联想、类比相似事物和现象，再归纳出新结论。这是古人常用的思考方式之一，也是现今我们许多人常用的、简单的初级思维模型。

“康有为这种思考方式是‘广义哲学’吗？可以说是，但这种广义哲学谁都可以说出不少。例如站在高楼上，看到人像蚂蚁一样渺小，又脚不停歇地匆匆而行，是不是也容易联想、类比到人生的某种情境？再‘归纳’一下，也就生出一种人生道理了。”

猫头鹰继续说：“问题是，这种广义哲学往往只有片面理由，也就会‘公说公有理，婆说婆有理’。意思是，你我看到的虽然是‘同一件事物’，却会因为不同的‘联想、类比和归纳’而产生‘不同的结论’。所以你可以说出有道理的人生哲理，我也可以说出另一套和你不同的广义哲学，你我两者不但不同，可能彼此矛盾不说，还很可能也与常理矛盾。为什么会这样？因为这种思考方式并没有遵循逻辑，只是遵循自己的道理。”

黑狗接着表达他的看法："前辈，你这样说，让我想到知名的庄子和惠子的故事。庄子说：'鱼出游从容，是鱼之乐也。'惠子说：'子非鱼，安知鱼之乐？'庄子说：'子非我，安知我不知鱼之乐？'即使是大思想家庄子和惠子，也和我们生活中常见的一样各说各话，'庄子说庄子有理，惠子说惠子有理'。"

猫头鹰微笑说："这个例子举得非常好。如果不知道逻辑上要有'充足理由'，才是真正合理、正确的，很可能因为自己有了'片面、部分'道理，就认为自己是对的。清华大学科学史系主任吴国盛教授在《科学简史》里说：'中国文化里大量充斥着联想、类比思维，例如中医有很多药理，就是联想、类比思维的产物。就像穿山甲拥有绝佳的挖掘洞（穴）技术，而打洞技能与中药里'活血通路'的概念相似，因此中药以穿山甲入药，希望像它一样能疏通筋脉。中医里的"以形补形""吃什么补什么"，也是联想、类比思维下的产物。'"

猫头鹰继续侃侃而谈："相对地，法院中的陪审员或法官，只要善用'逻辑+常理'，就能客观、公正地判别控方、辩方'谁合理'。同样地，生活中也要运用'逻辑+常理'，才能客观、公正地评判出'谁合理'。

"科学之所以受到普遍信赖，是因为科学有'理论证明+实验证明'，而理论证明就是狭义逻辑的证明。爱因斯坦的'相对论'，就是用狭义的精密逻辑推导、证明，后来再经其他科学家以实验证明为真。这就是逻辑的重要性和巨大价值。"

猫头鹰接着说："我再说个比喻。如果有人开车不遵循'共同的交通规则’，只按照他‘自己的道理’开车，就会经常和别人擦撞甚至对撞，更不用说违规了，但他还是可能认为别人、警察没道理。这像不像我们在思考、交流时的实际情况？是不是就像黑狗说的例子——‘庄子说庄子有理，惠子说惠子有理’？大多数人的思维，都是遵循自己的价值观，或自己的经验、道理，甚至胡思乱想，并没有遵照‘逻辑+常理’，这就是许多人思考混乱、以偏概全，因此沟通不畅，甚至鸡同鸭讲的关键原因。

“再来看看网上的许多留言。看到同一件新闻事件，或者同一位政治人物所讲的同一句话，大多数人都会受到自我价值观或个人经验的影响，产生不同的联想、类比，再归纳出截然不同的结论，有时还吵翻了天。这证明绝大多数人都是价值观思考的受害者，没有遵照‘逻辑’来慎思明辨，违反‘常理’而不自知。”

稍停一会后，猫头鹰才又往下说：“古人常用的另一种思维，就是‘分、合’。如图12所示。

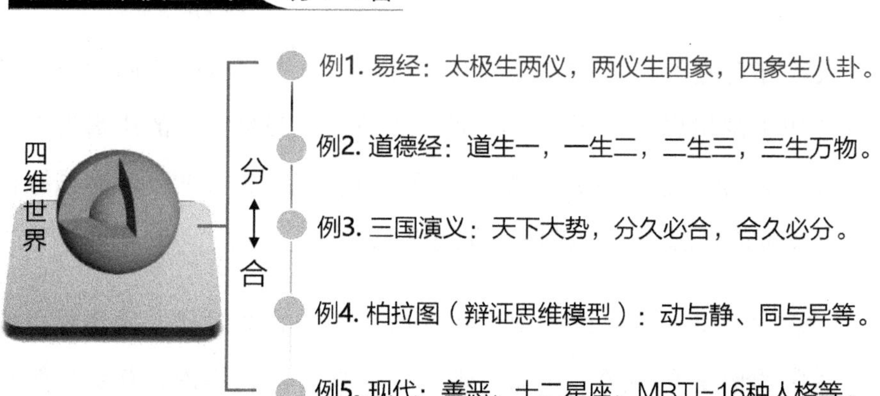

图12　初级思维模型二

“《易经》中的‘太极生两仪，两仪生四象，四象生八卦’，《道德经》中的‘道生一，一生二，二生三，三生万物’，以及柏拉图所使用的辩证思维模型等。古人这种‘分、合’的思考方式，本质上就是结构化思考、思维导图的思考模型，也是我们生活中常用的初级思维方式，例如，人分善恶、十二星座、十二生肖。只是许多人可能不一定遵循严谨的MECE原则：相互独立，完全穷尽。”

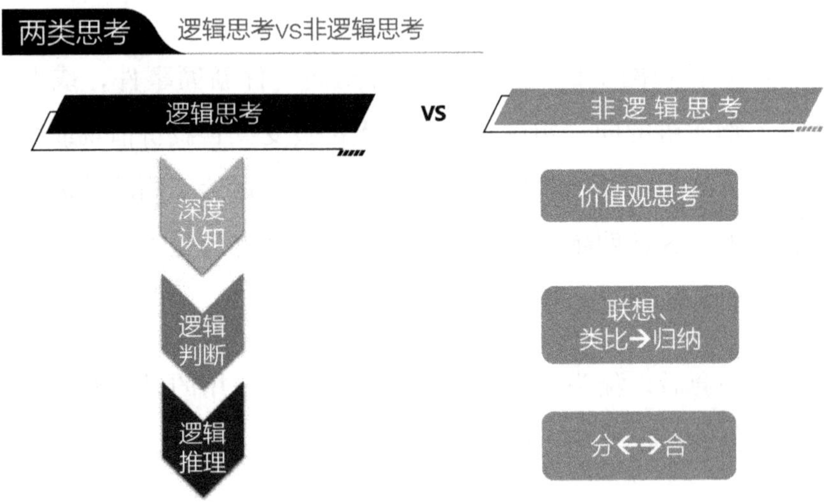

图13　逻辑思考vs非逻辑思考的差异

大家都看完图13，猫头鹰才又开口：“思考可以分成两大类：逻辑思考和非逻辑思考。图的左半部，就是我们四维世界的逻辑思考，包含深度认知、逻辑判断、逻辑推理。刚才讲的两种初级的思维模型，以及价值观思考等，都属于非逻辑思考。

“非逻辑思考的思维模型，在低信息量的农业时代，确实足以应对生活中的情况和问题。然而，现今的科技时代，不论是初级思维模型还是‘价值观思考’，都早已无法应对复杂环境和繁多信息，往往分辨不了似真还假的信息，判断不了似是而非、昨是今非的道理，更难以处理复杂的问题，也无法看清复杂事物的本质。

“古希腊哲学的特点之一，就是不断纵深追问，持续追究终极，因而创立了狭义的‘形式逻辑’，也因此而逐渐发展出现代科学。所以，爱因斯坦说：‘我并没有什么特殊的才能，只不过是喜欢寻根问底地追究问题罢了。’

“形式逻辑和科学，逐渐深入思考到终极的第一因。生活中的广义‘思考逻辑’，则要深入思考到三维本体的‘本质四因’，再加上‘时间流变’的因素，就成为与四维世界契合的‘四维逻辑’了。今天先分享到这里，之后我还会深入地讲清楚逻辑思考的知识体系和具体方法。”

乌龟听完以后，感慨地说：“前辈，谢谢您把思考的相关知识，深入浅出地讲清楚，还让我们认识到常用的初级思维、价值观思考和逻辑思考，它们之间的巨大差距。”

鹦鹉笑着说：“前辈，您把思考讲得清楚又完整，我不但听得懂，也不吃力，而且还挺有意思的，真好。”

猫头鹰笑着说：“嗯，我们一起来探索逻辑思考的游戏，学好‘逻辑思考’，就能提升收入、成就和幸福。”

第五章

骗子最擅长讲歪理

——扭曲你逻辑思考的“片面”陷阱

这一周，黑狗和鹦鹉仿佛开启了一段新的恋情。周末约会时，两人不再只沉浸在轻松的闲聊和八卦，还会交流猫头鹰前辈所传授的知识和方法。鹦鹉这个本不喜欢动脑的美女，自嘲地说自己大学时选择念商科，就是因为不喜欢数学、物理。然而，猫头鹰前辈教导的内容和方式却让她眼前一亮，发现原来学习思考也可以如此生活化和有意思。

黑狗笑着附和道：“是啊。以前虽然知道逻辑思考力很重要，但因为没有好用的具体方法，很多前辈多是灌输式的教导，举的例子也常常脱离现实生活，就觉得学习逻辑思考像在写学校作业一样，是一件枯燥又烧脑的事情。如今在猫头鹰前辈的引导下，才感受到学习逻辑思考好像在玩探秘的游戏。”

说完，两人相视一笑，鹦鹉还献上一个深情的吻。

聚会开始后，鹦鹉兴致勃勃地抢先分享她思考后的感悟：“你们听我说，这礼拜我真的领悟了好多！首先，我发现即使我和同事在讨论公事，其实我们都不是在用逻辑思考，所以往往以偏概全，难怪开会总是各说各话，很难有共识。上次听了前辈的解释我才明白，虽说观点没有对错，其实我们心里都自认为是对的，而且根本就不晓得如何用逻辑思考来判别谁对谁错。前辈的清楚教导，更正了我以前对逻辑思考的错误认知。”

黑狗默默地揉了揉额头，整理了一下自己的想法，然后说：“我想起之前向表哥请教问题的解决之道时，表哥也没有给出明确的解决方案。那时，我才开始怀疑自己原本以为的经验不足，可能并不是问题的全部答案。直到上周听完前辈的教导后，我才逐渐觉察，自己没有真正掌握逻辑思考，才是问题的根源。”

他继续说：“以前工作中的事，能够处理好事情主要都是根据经验，但一遇到新的情况就会不知所措，也就处理不好了。这也是为什么那些重大问题深深困扰着我——因为别人的经验无法直接套用在我身上。”

猫头鹰微笑着开口说：“听完大家的分享，我感到非常欣慰。你们愿意面对自己的不足，勇敢地承认自己的错误，实在不容易。诚实面对自己的不足，主动寻求进步，是我们成长的关键。每个人都有自身的局限和错误，我也有很多的无知和不足，所以我也是不断学习，努力修炼。

“相信你们已经意识到了，非逻辑的初级思考模型和价值观思考会产生许多问题。所以，今天我们就要一步步地深入探讨逻辑的概念，以及逻辑思考的含义。”

鹦鹉拍了拍手，开心地说：“嗯，来了，来了，重头戏终于要上演了。”

猫头鹰微笑着说：“就像之前你们误以为‘有道理就是合逻辑’，很多人也以为逻辑就是道理、道理就是逻辑，所以才会说‘按你的逻辑……，照他的逻辑……’。然而，逻辑就像交通规则一样，两者都是大家普遍认同的准则，所以我们不会说‘按你的交通规则……，照我的交通规则……’。因此，逻辑当然不等同道理。”

鹦鹉接着说：“是啊，我们平常讲话时，也常常会说‘这件事的逻辑……’，原来这样讲是有语病的，是因为误解了‘逻辑’的真正含义。”

猫头鹰点了点头：“生活中，大家讨论同一件事时，最终目标是想要寻求‘充足理由’，而不是只要有片面理由就好。例如，骗子常说一些似是而非的‘片面理由’来混淆思考。大多数人自认为的‘有道理’，往往只有自己的‘片面理由’，按逻辑来说，合理性就不充足，也就是不符合‘充足理由’的逻辑准则，就会导致‘公说公有理，婆说婆有理’的现象不断发生。”

乌龟趁机提出一个困扰他很久的问题：“前辈，‘公说公有理，婆说婆有理’的现象有没有办法避免？每次在公司开会，或者和我老婆、孩子讨论事情时，这种现象都会不断发生，真令人头痛。”

猫头鹰说：“乌龟，你的问题问到了关键。你们看图14。

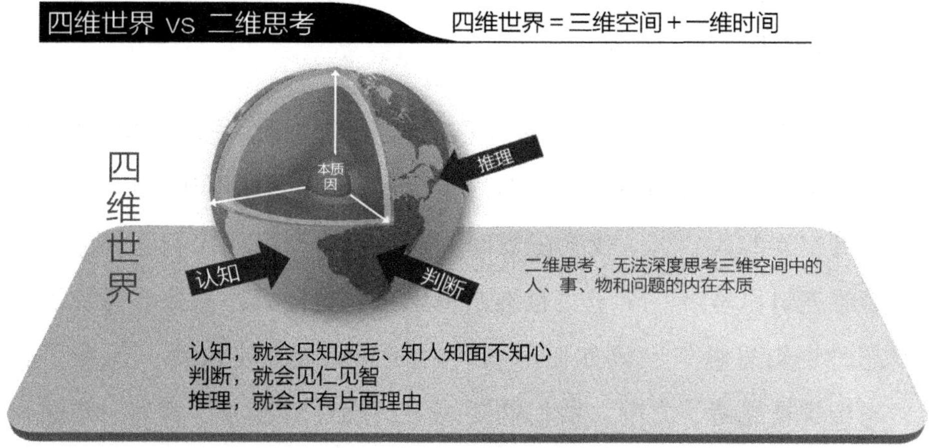

图14　二维思考的盲点

“我们生活在由三维空间和一维时间构成的四维世界里，三维空间中的人、事、物会随着时间产生变化。然而，多数人却在四维世界中使用眼见为实式的二维思考，这种思考方式就像只会拼平面拼图、却不会堆立体积木的小孩，误将立体的球看成平面的圆，无法正确认知、判断、推理。即使从不同角度、立场去思考人、事、物、问题，二维思考最多只能看见不同的局部表象，导致在认知上只知皮毛，在识人上只知面不知心，在判断上就会见仁见智，推理也就只有‘片面理由’。二维思考的思维盲点就像成语‘盲人摸象’——因为多数人仍用二维思考看待人、事、物，导致在判断及决策时看不到事情的内在本质。”

猫头鹰继续说：“因此，我们不但要学会深入思考本质，还要清楚内在本质和外在表象的关联，才能看清内外全貌和真相。看人，就能知人知心；处理事情、问题，就能对症下药而根除问题；表达，就会有充足理由。具体的有效方法，就是练习‘三维逻辑思考’。”

乌龟问：“前辈，您刚才不是说我们不是生活在四维世界吗？为什么我们不是练习‘四维逻辑思考’？”

猫头鹰露出满意的表情回答：“您问得很好，您说得没错，只运用三维逻辑思考仍不足以应对生活中可能出现的所有问题，因为我们三维空间的人、事、物会随着时间产生变化，因此我们还必须掌握‘超维逻辑思考’。至于‘超维逻辑思考’是什么？为什么需要了解‘超维逻辑思考’？该如何练习？后面我们会逐步说明。但在了解‘超维逻辑思考’之前，我们需要练习三维逻辑思考，因为三维逻辑包含在‘超维逻辑’之内。当我们掌握三维逻辑思考后，才能更好掌握‘超维逻辑思考’。”

听完这段话，乌龟很开心地看着猫头鹰说：“前辈，谢谢您解开这个一直困扰我的难题。我之前想这个问题想了好久，一直没摸着头绪，更没想到解决这难题的有效方法，真是太好了。”

猫头鹰很欣慰地看着三人说：“另外，我们常会说‘你这样不合常理’，或者说‘按常理来说，应该……’。逻辑所运用的‘常理’，是大家‘普遍认同’的道理，所以不需再证实，就可以作为符合可靠性的‘基本论据’，也可用来检视其他信息、道理。

“因此，我们运用‘逻辑+常理’才能推导出‘充足理由’的结论，也就不会只有自己的片面理由，却还自认为有理。常理就像大家普遍认同的德高望重的调解人，也就是让他来评评理。相对地，如果在交流时坚持自己主观的道理、价值观，就很难有理性的共识了。

“总而言之，如果没有‘充足理由’，尽管有‘片面理由’，按逻辑、常理来说就是歪理，换句话说，就是没（充足）道理，我们一般也会称为不合理、不对。”

猫头鹰停顿了一下，确定三人都听懂了才继续往下说：“常理分为一般常理和专业常理。所谓一般常理，指的是日常生活中大家普遍接受的一般性常识和原则，如科学（万有引力）、道德（近亲不通婚）、社会习俗（走路靠右或靠左）、事实经验（人有良心）。至于专业常理，则指特定领域所适用的常识和原则，如法律界的‘不溯既往’‘一罪不两罚’等。

“个人或少数人的经历，即使是真实的，也不是常理，因为只是少数个案。例如，某位大师上次算命的结果很准，就不能作为常理般的基本论据来使用，因为其真实性、合理性都未经过逻辑验证，也未经大家普遍认同。很多人在讨论事情或道理时，往往把个人经验、主观感受直接作为基本论据来使用，就变得很没有逻辑说服力，可能还奇怪别人为何不相信——因为听起来‘不合常理’。

“当然，常理也会随着空间、时间而变化。例如，在日本、英国开车靠左是常理，但在多数国家就不是了。男女不平等的三从四德，是旧时代的常理，但早被现代文明的男女平等（常理）淘汰了。”

黑狗紧接着说：“前辈，我懂了。我们自己思考、表达的道理，如果符合‘逻辑+常理’，才会有‘充足理由’，才是合理、正确的，而不是我们原先以为的‘有道理就是合逻辑’，或有道理就是对的，因为我们的道理很可能只是自己的‘片面理由’，甚至是歪理。”

鹦鹉也略有领悟地说：“前辈，照您的解释，我们也应该运用‘逻辑+常理’去检视专家、学者的话。因为我常看到，不同的人分别举不同专家的言论，或拿不同的统计资料，想要说服对方自己的话才有道理，但最后还是各说各话，甚至彼此觉得不可理喻。”

乌龟也分享了自己的领悟：“价值观思考和不同的初级思考方法，往往使我们只有片面理由，而每个骗子的话都有片面理由，所以我们要学会逻辑思考，使我们的思考遵照‘逻辑+常理’，就会有充足理由了，也才真正合理、正确，避免‘公说公有理，婆说婆有理’。”

猫头鹰不断点头微笑，这时才说：“你们分享得很好。我们常说的似是而非的道理，就是在某个层面、角度有片面理由，实际上却没有充足理由，骗子的话是一种，有些专家的话也是如此，更不用说我们自己很可能也常常如此，只是没有自知之明。所以，运用客观、理性的逻辑思考，不但可以判断似是而非的道理，更可以推理出有‘充足理由’的结论，也就能引导不同价值观的人，做出同样的理性判断或推论，创造出高价值。这就是逻辑思考力的价值和重要性。说到这里，先来正本清源一下好了——逻辑到底是什么？”

停下来喝了口咖啡后，猫头鹰才又继续说：“逻辑的字面含义是准则、规律，原本指的是亚里士多德集大成后首创的狭义‘形式逻辑’。它是研究‘有效推理形式’所使用的准则，只含演绎法，不包括归纳法，运用于狭义哲学和科学领域。演绎法是从普遍推理到个别，例如‘三段论’（Syllogism）：人需要空气，我是人，所以我需要空气。归纳法是从个别推理到普遍，例如德国、瑞士、英国的天鹅是白色，所以天鹅都是白色，我用图15来说明会更好理解。

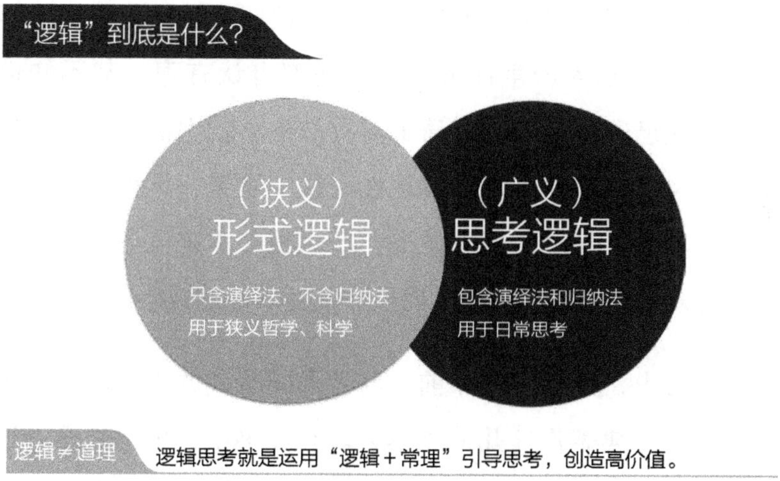

图15 “逻辑”到底是什么?

“现今我们一般所说的‘逻辑’，已不是指狭义的，而是广义的‘思考逻辑’，是适用于生活中的一些思考准则，而且包括了归纳法。大学所教的《逻辑学》，主要是（狭义）的‘形式逻辑’，不是生活中（广义）的‘思考逻辑’，两者有紧密关联，但也有很大不同。简而言之，逻辑思考就是用‘逻辑+常理’来引导思考，就能创造高价值；就像用‘交规+常理’来引导每个人开车，就能平安顺利一样。

“西方文明采用定义（明确认知）和前提（假设），再按照‘逻辑+常理’来推理，就可以得出合乎‘逻辑通洽’的结论，也因此发展成为现代的科学文明，这是西方国家在各种创新和前沿科学持续领先的核心原因之一。”

猫头鹰接着说：“如果缺乏‘共同交通规则’，每个人开车就只会按照自己的规则行驶，可想而知交通会混乱不已。同样地，如果缺乏逻辑的共同准则，每个人的思维就也会按照自己的价值观、经验、道理，经常会和别人产生冲突，人人还都自认有理，却不知道已经违背逻辑，或已经和常理有矛盾了。我们从小就生活在缺乏逻辑教育下，所以思考往往偏向主观、非理性、缺少逻辑，不少人甚至会出现非常情绪化与过度偏激的极端情况，产生很多本来可以避免的误会、摩擦与冲突，让自己与社会都付出了非常多额外的成本和代价。

“回顾历史，大约2300年前，与孟子同时代的古希腊数学家欧几里得，撰写了经典著作《几何原本》。在该书中，他运用第一因——5条公理+5条公设，推导出48项定理、467项命题，至今还在教学、使用。中华文化有着丰富的哲学和逻辑传统，其思维方式在不同的历史时期展现出独特的价值。在农业时代，中华文化以其深厚的人文思想、文学、艺术和技术成就，为世界文明做出了重要贡献。然而，每个文化在科学发展上都有其特定的路径和特点，中华文化在某些时期可能没有像古希腊那样形成系统的逻辑体系，但这并不意味着缺乏逻辑思考。

“随着工业文明的兴起，中华文明与世界各地的文化一样，面临着新的挑战和机遇。诺贝尔物理学奖得主杨振宁博士也曾指出，近代西方科学的快速发展，对全球各地的文化都产生了深远的影响。不同的文化背景下，科学的发展速度和路径各有差异，但这并不妨碍中华文化在现代科学领域取得显著成就。中华文化的逻辑和思维方式也在不断发展和完善，与全球科学进步相融合，共同推动人类文明的进步。”

三人听得入迷，他们从未想过，思考方法对个人、国家和文明的影响，居然如此广泛、深远且巨大。

猫头鹰看着乌龟、黑狗和鹦鹉，发现他们都在专心聆听，于是继续分享自己的见解：“既然说到这里，我们再结合一段近代历史来聊聊。你们都知道，1840年的鸦片战争打开了清朝的闭关锁国，随后的改革思维和方向，历经了上百年的数次大转变。一开始是学习西方的‘技术’。后来发现这样还是不行，就进一步学习西方的宪法、共和‘制度’。后来，又学习西方的科学和民主‘知识’，而且梳理传统思想。总而言之，清末开始的改革方向，是先从学习技术到学习制度，最后到学习知识和思想。”

猫头鹰又接着说道：“无论学习的是技术、制度还是知识，直接拿别人的东西来运用总是比较简单也比较快。在那个时代，这样的方式是合理的，就像小学生，只有能力学习前辈所教的东西。

“但直至现代，不论学习的是知识、制度，还是思想、文化，如果不善于逻辑思考，就只能继续套用别人的东西，不知道哪些关键要素彼此不同，也不知道要如何适当地调整，就会产生水土不服、效果不彰的结果。”

听到这里，乌龟沉思了一下说：“是啊，我们都经常目睹这种情况。照搬外国的模式或制度，往往跟我们的制度、文化，或者实际环境不兼容，但因为根本不理解它背后的脉络，所以也不知道怎么调整。”

黑狗则感慨地附和说：“我们公司经常只是照搬别人的做法，不会按自己的优点和缺点来调整，结果就变成了东施效颦，效果就差得很远。”

鹦鹉微笑着补充：“就好比我闺蜜推荐她减肥成功的方法给我，我一模一样地照做，结果就是不尽如人意。”

猫头鹰点了点头：“你们说得很好。再举一个例子，某个地区长期积极推动教育改革，引入外国的教学理念、教学方法和内容，但如果能进一步结合自己的文化、制度和实际情况，来做策略性的调整，才能达到预期的效果和目标。近几年教育界主推知识、态度和能力的‘素养教育’，相比传统教育的‘灌输知识’，教育理念确实有很大的进步。但是，如果没有培养关键态度和核心能力的有有效方法，结果就还是只教知识，或者只能培养某些技能，如简报表达、演讲、程序设计、AI应用，而不能真正培养出学生需要的态度和能力，学生就会缺乏爱因斯坦所说的核心能力——思考力。如果你们还分不清楚技能与核心能力的差别和关系，可以来看看图16。

“我们应该在自己身、心、灵的潜能特质上，发掘、培养出自己的‘核心能力’，再加上相应的知识和实践，就能发展出各种相关‘技能’。核心能力包括心智能力、体技能力、人际能力和心灵能力。

“爱因斯坦所说的思考力就属于心智能力，工作上所需具备的

‘技能’，如AI应用、程序设计、简报表达，其‘核心能力’就是心智能力。

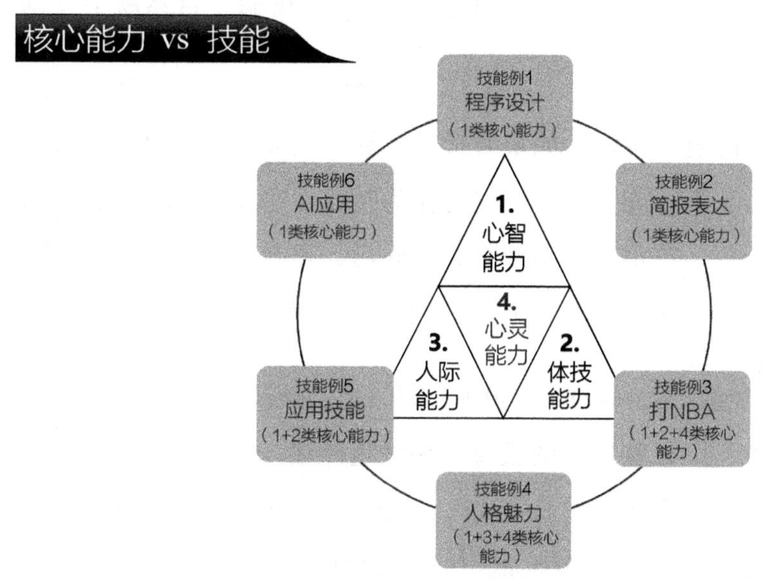

图16　核心能力和技能的差异

“如果以现在的科技时代趋势来说明会更清楚。2013年，牛津大学研究全球702种职业，推论出将有47%的职业，在20年内面临消失的风险。2022年11月，ChatGPT横空出世，职业种类淘汰更新的速度将更快。随着时间的推移，Windows应用‘技能’已经逐渐成为基本技能，其价值也因此而逐渐降低。现在，AI应用‘技能’开始崭露头角，但其价值趋势也如同Windows应用‘技能’一样，开高走低，因为‘技能’的价值会随着职业和环境波动，但‘核心能力’的高价值则是不变的，而且可以运用在多方面。所以，Open AI的CEO山姆·奥特曼在受访时建议，在AI时代，孩子要学会思考力和创新力，两者都是核心的‘心智能力’，而不是‘技能’。

“心灵能力的力量最大，种类也多，有些需要去发掘，如兴趣；有些可以训练，如毅力、上进心。自信心也很重要，但它是能力的副产品，如果培养出优秀的核心能力、技能，自然就会逐渐生成自信心。

“沟通‘技能’如果要很好，除了需要沟通技巧，还需要一定的思考力、人际能力和心灵能力作为基础。很多人都看重能赚钱的工作‘技能’，花很多时间和精力去学习，可是技能里面的‘核心能力’才更重要、更有价值，对于提高收入、成就和幸福来说更关键。

“创始人、CEO、思想家、科学家、导演、设计师更需要的是‘核心能力’。某些地区的教育较为注重灌输知识、培养‘技能’，却没有培养出学生的‘核心能力’。相对地，激发学习兴趣、发掘学生不同天分，以及培养学生的‘核心能力’，则是一些国家教育成功的关键。”

黑狗看了看图，有点疑惑地问：“前辈，这几种核心能力，是不是组合变化一下，就可以形成各种不同情境下的技能呢？”

猫头鹰点了点头说：“对呀。例如，心智能力的逻辑思考力，再加上相应的知识和实践，就能发展出很多‘技能’，例如简报表达、正确决策、根除问题、活用知识等。如果能够活用逻辑思考，头脑也会很灵活，创新能力还会大幅提升，所以我们时常看到某些国家有很多脑洞大开的创新产品或设计。”

黑狗认真思索后说：“看起来，要真正成长，要创造高价值，知识不再是关键，因为大部分知识都可以通过AI高效地获取，反而培养我们自己的‘逻辑思考力’才是关键。”

猫头鹰笑着说：“看来你们今天都有相当的领悟了。回去后再多想想今天的内容，下次来分享，就可以教学相长了。”

鹦鹉点头附和：“是的，我们才刚刚开始学习，还有很多要思考、消化的。”

猫头鹰微笑着看着他们，感受着他们的积极态度和学习的热情。

他知道，这三个年轻人正处于思考人生、发展未来的关键阶段，希望通过逻辑思考的训练，能够帮助他们更好地面对各种挑战，更有能力去提升收入、成就和幸福。

第六章

思考的岔路，流沙遍布

——“逻辑”是行走四维世界的“导航地图”

在上次聚会后，乌龟仿佛被带进了一个全新又有序的思维世界，心里有一股莫名的兴奋。

如何根本地解决、避免“公说公有理，婆说婆有理”这个问题，已经困扰他很久了。不论在公司主持会议，还是和个别经理讨论项目计划，抑或是跟老婆讨论家里事情的时候，这种现象一次又一次地不断发生，不但造成很高的沟通成本，也因为表达和理解的误差，使得计划执行产生偏误，造成公司管理产生许多不必要的问题和成本，也常常导致家人间的误解或争吵，耗损了彼此的感情。

上次交流中，猫头鹰前辈不但讲明白了根本原因，还提出了根本的解决方案，所以让位居大公司总经理的乌龟兴奋不已。于是，他打算约黑狗和鹦鹉一起吃顿饭，分享他的领悟和感受。

在一个舒适的餐厅里，乌龟抬起头，微笑着看向黑狗，问道："黑狗，最近你的心情怎么样？"黑狗灿烂地笑着说："表哥，你知道吗？我最近都忘记焦虑了。一直照着前辈所指导的方法继续做，有空时，我不再思考以前困扰我的重要问题，而是思考每次在前辈那里所学到的东西，也就忘记焦虑了。我相信，如果我和前辈学会逻辑思考力以后，那些造成我困扰、焦虑的重大问题，就有能力自己解决了。"

乌龟听了后，笑着说："哈哈，我跟你一样。开始向前辈学习以后，很自然就会去思考前辈所讲的内容。以前我自认为能够善用逻辑思考，但经过前辈清楚又深入的解释，我才知道自己逻辑思考力不足，很多事只是根据经验来处理，难怪我越来越觉得跟不上AI时代。

"还好有福气可以跟前辈学习逻辑思考，不但没压力，还很有意思。而且，我发觉它真的很重要。学好以后，我还要教公司各部门的经理，再逐步推行到全公司，沟通和执行成本就可以降低很多，公司的管理效率和经营绩效也会提升不少。"

鹦鹉兴致勃勃地接着说："是啊，上次前辈说的二维思维所造成的各说各话现象，我有一次很深刻的经历。我有一位闺蜜，她和老公要买车，约我陪他们一起去看车。到了展示间，我闺蜜一眼就看中了一辆漂亮的车，但她老公说：'这车不好，我们去看其他车。'我闺蜜一听就不高兴地说：'这车怎么不好啊？这车很好啊，我很喜欢啊。'结果，夫妻俩就吵起来了。

“其实，我闺蜜所说的是那辆车的外形很好，而他老公说的是同一辆车的引擎不好，两人谈的是同一辆车的不同层面，所以就‘鸡同鸭讲’了。这还是眼睛看得到的车子，就这么容易产生沟通的误会了，更何况无形的事情、问题、计划、未来、方法，都是眼睛看不到的，每个人的思考、表达、理解的差异，不但更常发生，差异往往也更大。”

乌龟听完，笑着说：“是啊，鹦鹉说的这件事，其实在我们自己身上也常常发生。还好，猫头鹰前辈把逻辑思考讲得清楚又易懂，引导我们进入融会贯通的逻辑思考。”

在用完餐后，黑狗三人一同开车来到猫头鹰的办公室。大家坐下后，猫头鹰微笑着问三人：“你们有没有想分享的？”

乌龟迫不及待地抢着说：“经过前辈的教导，我对逻辑思考虽然还只认识皮毛，还不知道具体要按照哪些逻辑来思考，但您上次的启发，解答了我一个长久的困惑。同时让我发现，事物要能深入地讲清楚，才算真懂。就像前辈您这样，能把复杂又抽象的逻辑思考，用深入又清楚的说明，还用浅出又合适的比喻，让我们容易明白。”语气中充满了对猫头鹰的钦佩和自我觉醒。

猫头鹰听完乌龟的分享后，欣慰地说：“回想我年轻的时候，虽然读了一些书，其实还是只知皮毛，却自以为懂了，也就自以为是了，真是惭愧。后来逐渐学会逻辑思考，多少有些领悟后，才认识到自己还有太多不懂。所以就像黑狗所说的，认知不同，感觉、反应和行动就不同，也就不再那么自以为是了。”

很多人到了一定年纪或成就后，常常不自觉地给自己立下智慧或成功的人设，只展示自己的优点和成就，甚至特意隐藏不足之处，也常常不能接受善意的建议或批评。然而，猫头鹰毫不掩饰地谈论自己的幼稚和错误，这种坦率的态度，反而赢得了三人更多的尊敬和信任。

猫头鹰喝了口咖啡，继续说："2022年底一则新闻指出，根据统计，在某地区精神科看诊的病人中，其中三分之一的病人是焦虑症，因此推估该地区每年有200多万人受到焦虑困扰。就像黑狗一样，人之所以焦虑，都是由问题的困惑升级到压力，再进一步升高成更有感觉的焦虑。

"在人生旅途中，无论是在职场还是日常生活中，我们常常需要背负太多的担子。实际上，有些担子是不必要的，比如他人的异样目光、过时的传统价值观、伪装自我、顾及面子等。而那些真正无法逃避的担子，比如生活中的各种实际问题，无论是职业竞争还是日常琐事，都需要我们以智慧和理性来妥善应对。

"背负太多不必要的担子，不只会浪费很多精力、时间，也会搞得身心俱疲，很可能没有充裕的精力和心力去面对逃不掉的担子，身体或心理的健康，也就容易出问题，导致这个地区每年有200多万人受到焦虑症困扰。

"逻辑思考力能够明智地丢掉许多没必要的担子，让我们轻装走上人生道路，还可以明智处理各种逃不掉的担子，就不会升级成压力、焦虑。"

黑狗感慨地说：“前辈，您说得太有道理了，我之前就是糊涂地背了许多不必要的担子，也不会处理各种逃不掉的担子，所以才会感到那么焦虑。”

猫头鹰笑着说：“嗯，那么，这次我们就先来聊聊人生吧。你们认为人生像什么？大家都想个比喻，描述一下。”

鹦鹉立刻兴致勃勃地说：“人生嘛，就像一幅五彩缤纷的画，每一笔、每一点都是我们自己的选择和经历，有时候是明亮欢快的颜色，有时候是深沉复杂的调子。总体来说，一幅幅的画构成了我们自己的人生画册。”

乌龟思考了一会儿，然后说：“我觉得人生就像一本厚厚的书，每一页都写满了我们的经历、情感和思考。有时候是扣人心弦的悬疑小说，有时候是温馨感人的家庭故事，每一次翻页，都让我们更加丰富和成长。”

黑狗接着说：“我觉得人生很像打游戏，有不同的场景，要面对变化的环境，会遇见许多困难和挑战。我们的资源虽然有限，却有很大的潜能，还可以找人一起合作，勇敢地朝着目标前进，过程中还能享受惊喜和美景。”

猫头鹰赞赏地说：“很好，你们每个人对人生的比喻都很有创意，这也反映了你们对人生的独特感悟。正如你们的比喻一样，人生确实是充满了各种色彩，也具有不同滋味的旅程。人生和游戏都有起点和终点，也都只有有限的资源，却有很大的潜能，两者的过程也很像，而且都不是一局定胜负，都有多次机会，所以我很认同黑狗所说的‘人生像游戏’。

“我们生活在四维世界中，人、事、物都是三维立体的，又都随着时间而变化，所以在每天的生活中，我们面对的人、事、物、知识、问题都是三维再加一维的。

“人生就像各种游戏的组合，而‘逻辑就像导航地图’，可以引导我们思考，做出明智选择，正确行动，逐渐达成美好目标。”

乌龟点点头，补充说：“没错，逻辑就像我们生活中的导航地图，指引我们在复杂环境中一直朝着正确方向前行，因为逻辑思考能引导我们看清本质，避免被眼见的表象误导，也能分辨似是而非的谬误。”

猫头鹰笑了笑，语带鼓励地说：“嗯，就如同在游戏中要不断升级打怪，‘逻辑思考能力’也需要不断训练、提升，才能从容应对环境的复杂和变化，遇见问题能够从根本解决，也就不会陷入生活的流沙——因为你可以思考清楚问题的根源，找出有效的解决方案，在出现问题时就根本解决掉，也就不会再逐渐升级成压力、焦虑了。”

黑狗马上接着说：“是啊，如果我能够早一点和前辈学习逻辑思考，即便问题还没有马上解决，我至少会有足够的自信来面对。这种自信，也能大幅减轻我的焦虑。”

鹦鹉也欢快地附和说：“是啊是啊，自信是一种超能力，它让我们在挑战中依然坚韧，在困境中不会放弃。但自信不是盲目、无知的自信，也不是对着镜子说‘我有自信’。虽然无形，却是真实存在又大有力量的，而且‘逻辑思考力’的附赠品就是‘自信’。”

猫头鹰继续说："是的，逻辑思考也能调和、贯通一些人生难题。很多人说人天性自私自利，但人天生又有恻隐之心，两者就产生矛盾了，因此必须用逻辑思考加以调和、贯通。

"中文的'自私自利'，很多人把两者混为一谈了。其实，自私和自利有关键的差异。自私是'只'顾自己，不管别人。自利是'先'照顾自己，同时在自己的能力范围内尽力帮助别人、善待世界。'先'照顾自己的自利，并没有违背良心中的恻隐之心，而'只'顾自己的自私，就违背了良心。

"所以，我们为人处世应自利而不该自私。就像蜘蛛侠说的'能力越大，责任越大'，我们都有责任帮助别人，因为我们都有能力，连小动物都可以抚慰人心，只是每个人的能力大小和能力种类不同。"

鹦鹉听完后，高兴地附和地说："是的，我们应自利而不该自私，我也可以做个小小蜘蛛侠，哈哈哈。"

猫头鹰被可爱的鹦鹉逗笑了，接着说："是啊是啊，我们都是小小的蜘蛛侠。"

乌龟赞同地点了点头，深思熟虑地说："前辈，我有个问题，不知道会不会冒昧？"

猫头鹰微笑着看着乌龟，肯定地说："当然不会，有问题尽量问。我有把握的，才敢和你们分享，我还没有把握的，就会直接对你们说'我还没把握'，然后我再去思考、研究，这就是教学相长。"

乌龟就不再犹豫地问："前辈，我已经知道逻辑思考很好用，也很重要。然而，它是不是也有局限？例如，佛法的经书多不胜数；《圣经》的中文版本有90多万字，仅仅靠'逻辑思考力'就能够参透吗？老实说，我有些难以置信。"

听到这个问题，猫头鹰眉梢微微上扬："乌龟，你提出的问题非常好。有这种深思后的怀疑是对的，也是很好的，这就是孟子说的'尽信书不如无书'。"

猫头鹰继续说："我们都知道，《相对论》是爱因斯坦先用狭义逻辑推导、证明出来的，经过多年后，再被其他科学家用实验证明其正确。你们想想，相对论那么深奥难懂的科学，都能用狭义逻辑，从无到有地推导、证明出来。相对地，如果我们运用逻辑思考来融会贯通《圣经》，其实比爱因斯坦思考后推论出《相对论》容易得多很多。

"我深入研究并整合了《圣经》中的诸多概念后，运用三维逻辑思考构建了一个框架。在这个讨论中，我们将专注于那些与逻辑思考紧密相关的内容，而不深入探讨每一处《圣经》经文的具体含义。该框架展示了关于本质四因——核心目标、关键要素、有效方法和正反动力，以及它们如何与底层逻辑和外在形式相互作用。我将逐步解释这些概念，并提供实际应用的例子，以便大家更清晰地理解这些逻辑思考的框架和它们在实际生活中的应用。"

"万事万物都有起点，所以逻辑有第一因，也就是亚里士多德说的'第一性原理'（First Principle），而《几何原本》的第一因是'5条公理+5条公设'，欧几里得在这第一因的前提下，逻辑推导出48项定理、467项命题。

“在探讨宇宙起源的问题上，不同的文化和宗教有着各自的解释。例如，某些宗教文本以创世故事的形式，描述了宇宙和生命的起源，这些故事往往富含象征意义，反映了古人对宇宙和生命的理解。现代科学，特别是宇宙学和进化生物学，提供了另一种视角，通过自然过程解释宇宙和生命的演化。科学家通过研究宇宙大爆炸理论和生物进化论，试图揭示宇宙和生命的起源和发展。

“在生物多样性和物种演化的问题上，现代生物学认为物种是根据遗传和环境因素在长时间内逐渐演化的。物种之间的生殖隔离，如马和驴交配产生的骡子不育，是自然演化过程中的一个现象，这有助于维持物种的稳定性和多样性。

“通过这些不同的视角，我们可以看到，无论是宗教故事还是科学理论，都在试图解释我们周围的世界。这些解释可以相互补充，帮助我们从不同的角度理解宇宙和生命的奥秘。”

最终，猫头鹰总结道：“我分享这些观点，不仅是为了回答之前的问题，也是为了展示如何运用逻辑思考来探索和理解我们所处的世界。”

在猫头鹰的逐步启发下，黑狗三人更加理解“逻辑思考力”的重要性和价值了，也更加鼓舞了他们坚定学习的心志。

第七章

不听逻辑言，吃亏在眼前

——逻辑思考所需的“知识体系”

这个周末的家族聚餐中，一场轻松的户外烧烤开始了。黑狗自豪地将鹦鹉介绍给家族成员：“这是我女朋友鹦鹉，我们已经交往三年了。”

鹦鹉展现出她活泼开朗的性格，微笑着向大家问好，并且得体地与每个人交流。她迅速赢得了所有家族成员的好感，大家纷纷称赞她年轻漂亮，又有礼貌。

黑狗的大姑妈戏谑地问道：“小鹦鹉，你和黑狗已经交往三年了，打算什么时候结婚？”

三姨听了，马上跟着追问："结婚后，你们打算生几个孩子？你们生的孩子一定聪明又漂亮。"

长辈不仅热心催婚，还会好心地给予各种指导，告诉年轻人应该如何如何。以前黑狗会认为长辈是出于好意，而且他们经验丰富，所以就会耐心聆听那些指导，但在向猫头鹰前辈学习逻辑思考后，他渐渐发现，长辈常常会"好心办坏事"，总是建议晚辈走他们走过的路，直接套用他们以前的经验，却没有深思过为什么要这样做，以及如何应对各种变化来调整，因为大多数长辈缺乏逻辑思考的能力。

实际上，相对于长辈的年代，现代社会科技变化飞快，知识日益专业化，整体环境更加复杂，而许多善意的长辈，往往没有与时俱进，许多思维仍停留在昨是今非的老观念中。

当年轻人提出不同的见解、长辈又无法自圆其说时，常常会说这些老生常谈："姜还是老的辣。""不听老人言，吃亏在眼前。"

因此，黑狗逐渐领悟到，不论是长辈的忠告、学校的教导，还是传统观念，抑或是名人名言，都需要通过逻辑思考来审慎检视，才能避免受到许多似是而非或昨是今非的偏差道理误导或干扰。

到了交流的时刻，猫头鹰问鹦鹉："鹦鹉，我问你一个问题：如果你跳槽，新公司每月准时发薪水给你，老板还常常带大家去聚餐、唱K。六个月后，老板说要带全公司免费去泰国旅游七天，你会去吗？"

"会啊，免费出国旅游，还是老板出钱，当然去。"鹦鹉毫不犹豫地回答。

“你们知道吗？有诈骗团伙用这套手法，把一些年轻人骗到泰国，再一起绑到柬埔寨卖掉。”猫头鹰提醒道。

“啊，太恐怖了。”“啊，这么夸张啊。”鹦鹉和黑狗忍不住惊呼起来。

“这种诈骗手法太厉害了，如果不具备逻辑思考的能力，真的很难预防。”乌龟感慨地说。

猫头鹰点头说：“是的，所以爱因斯坦才会说‘学习知识要善于思考’。现有的思考课程，我们发现主要分为两类：一类是教‘逻辑学’，以大学教育为主；另一类是传授特定的‘思考模型’，以社会培训为主。‘逻辑学’所涉及的内容，主要是狭义的形式逻辑，不是生活中广义的思考逻辑，虽然两者有密切关联，但也存在很大的区别，这点我们之前已经分享过了。

“另一类课程，是教导特定思考模型，例如在工作中常用的结构思考、思维导图、设计思考、金字塔思考法、营销4P模型等等。这些思考模型远超百种，而且各自适用于特定情境。你们想想，用思考模型能够辨别信息的真假吗？能够判断道理的对错吗？能够使人活用知识吗？”猫头鹰用问题引导大家思考，推进他们进入未曾涉足的思维领域。

鹦鹉有些疑惑地问：“但是，不管是哪一种思考模型，不都是为了帮助我们更好地分析、解决问题吗？”

“前辈，鹦鹉这个问题，您看我回答得对不对。”乌龟抢先提出自己的看法，“鹦鹉，虽然在特定情境下，这些思考模型确实能够帮助我们有条理地思考，甚至解决一些问题，然而，生活中的很多思考情境却是特定思考模型难以处理的，例如前辈刚才所说的分辨信息真假，或者判断道理对错。”

乌龟说完，三个人都看着猫头鹰，等着听他的答案。猫头鹰微笑着点头：“乌龟的回答很精辟。我们先用一则新闻报道当例子，来实际练习一下生活中的重要思考情境。有一对夫妻加盟了一家便利店，但他们的营收一直不如预期，第二年甚至下滑了10%。尽管如此，他们坚信‘再拼一点，就会变好’，于是采取了一些新做法，例如每天吃店里卖不掉的临期食品、夫妻轮流工作以省下员工薪水，以及建立微信群来服务客户。但是，最终还是没能撑到赚钱，店就倒闭了。

“现在，我们一起来思考一下：这对夫妻在思考上有哪些误区？为什么他们如此努力，最后还是经营不下去？”

黑狗认真思考了片刻，然后说道：“我觉得他们陷入了一个‘价值观思考’的误区，坚信‘只要更加努力，就会变得更好’。这种观念是很多人的价值观，认为爱拼才会赢，却忽略了世界的复杂性和变化性。努力固然重要，但很多人的努力是埋头苦干却盲目，而‘明智地努力’才会有高价值、好结果，尤其在当今复杂多变的科技时代。

“这对夫妻受到这种价值观的影响，埋头苦干，却未能识别经营问题的根源所在。因此，他们不仅经历了不幸的失败，未来很可能还会重蹈覆辙。甚至可能受到传统信仰的影响，将失败归咎于命运、生辰八字、风水等因素，进而花费金钱寻求师父以改变命运和运势，陷入一个不善于逻辑思考的恶性循环。”

猫头鹰听完后，赞许地说：“黑狗，你的洞察很深刻。不仅解释了‘价值观思考’产生的误区，还意识到它会衍生的问题，可能会导致一错再错的结果，甚至跟迷信现象做合理的结合，太棒了。”

乌龟则以他从商的实际经验来分析：“前辈，我也说说看。我认为从这对夫妻所用的三个方法，就可以看出他们思维的另一个误区：他们只从二维的表面思考，所以只停留在经营问题的表面，没有深入思考问题的根源和生意的本质。其实，无论是大企业还是小生意，都必须思考‘生意的本质是什么’。我认为，任何生意的本质，就是在特定的时间和空间中，所提供的商品都要创造独特或优势的价值，因而得以满足客户，又能面对竞争。

“如果他们能以生意的本质为前提，对便利店加盟进行深入思考，就会发现便利店的同质化很高，而且门店开得很密集，又有美团和饿了么等外送平台，竞争非常激烈，新的加盟店即使再努力，也很难取得好的成绩。如果他们仔细深入思考，就不会盲目相信便利店总部所预测计算开店后可以获取丰厚的营业收入、利润等的‘美好大饼’。如果是我，我是不会选择加盟便利店，这并不是生意大小的问题，而是从本质来看，现在加盟便利店就不是个好生意，除非自己能够提供独特的价值。”

猫头鹰点头赞同：“乌龟，你说得非常对。战略如果犯大错，即使战术正确也难以扭转局面，也就是俗话说的‘赢了战役，输了战争’。很多人就像这对夫妻一样，只会在似是而非的价值观下表面思考，所以既没能深入思考经营的本质，也没有考虑实际的大环境，造成战略选择严重错误，又只在战术层面上努力，结局就是‘孤臣无力可回天’。不仅结果令人扼腕，还可能一次又一次地陷入类似的困境。所以，有位知名的创业投资家说：‘很多人创业陷入困局，是因为用战术上的勤奋，替代战略上的懒惰。他们每天很努力，工作时间也很长，到处去社交、去学习、去跑客户，但战略上却疏懒于深度思考，以至于选错行业、品类或时机，做错很多关键决策。这种勤奋就是伪勤奋、无效勤奋。’

“事实上，不只创业，人生的重大事情，如职业发展、投资理财、恋爱婚姻、人生信仰等，很多人都是低效勤奋。选择重于努力，要能做出正确选择，需要有超维逻辑思考力。”

在猫头鹰的引导下，三人又充分地交流了一会儿，逐渐认识到，在实际生活的思考情境中，不论是非理性的价值观思考，还是浅薄的二维思考，往往都会引发严重的思考误区，进而导致不良后果。而且，生活中的许多复杂思考情境，很难套用现有的思考模型。

乌龟趁机提出问题：“前辈，您之前说过，逻辑思考需要‘融会贯通’形式逻辑、思考逻辑、思考模型和四维世界，能否进一步解释一下‘融会贯通’的必要性？”

猫头鹰对乌龟的深入发问表示赞许：“乌龟，你的问题正是我希望深入探讨的方向。之前分享过，《圣经》只有一本，所以理应只有一种答案，一种解释，但基督教却分成许多教派，牧师们的诠释也常常不同，这是为什么呢？”

鹦鹉抢先分享了她的看法：“可能是许多牧师没有真正融会贯通整本《圣经》，各自按自己学习、理解的不同部分来教导《圣经》，所讲的内容也就各不相同。”

猫头鹰点头微笑说：“鹦鹉说得很对，看来你已经理解融会贯通的重要性了。我们继续来看看图17。

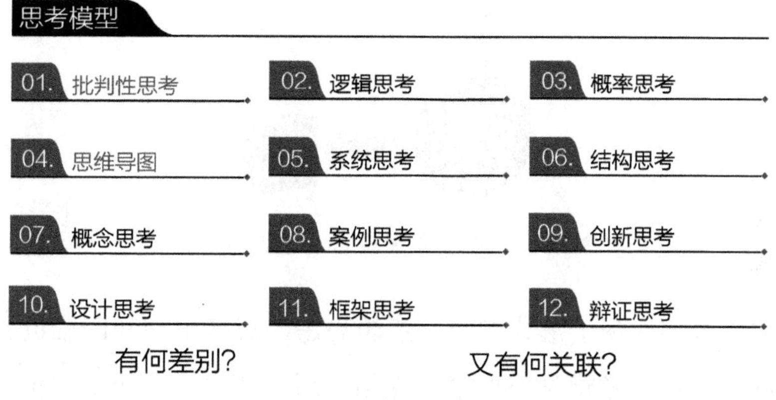

图17　思考模型种类

“这张图列出了一些市面上常见，而且用来解决各种问题的思考模型。我想问你们两个关键问题：‘这些思考模型有何差别？’‘又有何关联？’如果无法回答我的问题，就不可能活用这些思考模型。”

猫头鹰看了三人一眼，继续说：“所以逻辑思考必须融会贯通形式逻辑、思考逻辑、各种思考模型，还要契合真实的四维世界，才是逻辑思考的真实全貌，这样就会‘易学好用’了。”

猫头鹰为大家再倒上咖啡：“先喝口咖啡，稍作休息，然后我们要进入今天的关键内容——融会贯通逻辑思考所建立的‘知识体系’。”

等到大家都喝过了咖啡，猫头鹰才又开口："好，我们继续刚才的内容，请看图18。

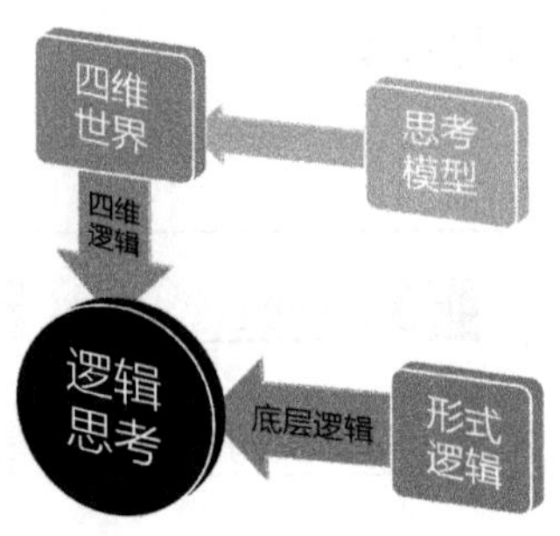

图18　逻辑思考背后的"知识体系"

"这张图展现了形式逻辑、逻辑思考、思考模型和四维世界之间的关联。各种思考模型与四维世界结合后，产生了'四维逻辑'，形式逻辑与逻辑思考的交集构成了'底层逻辑'。也就是说，当我们将四者'融会贯通'，就会形成两大类逻辑：'四维逻辑'和'底层逻辑'。再看图19。

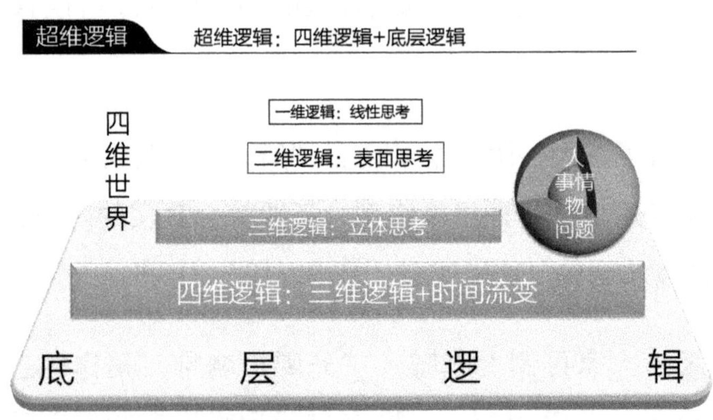

图19　超维逻辑思考的知识体系

"'底层逻辑'就好比大地一样，是一切思考的基础，所有的思考都应该符合‘底层逻辑’。‘四维逻辑’则像是大地上多种多样的立体事物，有千变万化的外在表象、形式，还有表象下的内在本质，又随着时间而变化。

“也就是说，四维世界的逻辑思考，就是运用‘四维逻辑+底层逻辑’来引导思考的，所以我把它命名为‘超维逻辑’，因为它超越了四维逻辑，是AI时代的超级思维逻辑。”

乌龟专注地观察着图，赞叹说：“是啊，‘底层逻辑’作为基石，支撑所有的思考，而‘四维逻辑’建立于真实的四维世界，所以运用起来就会很自然。”

猫头鹰微笑着说：“乌龟的分享，掌握到关键了。你们再看图20。

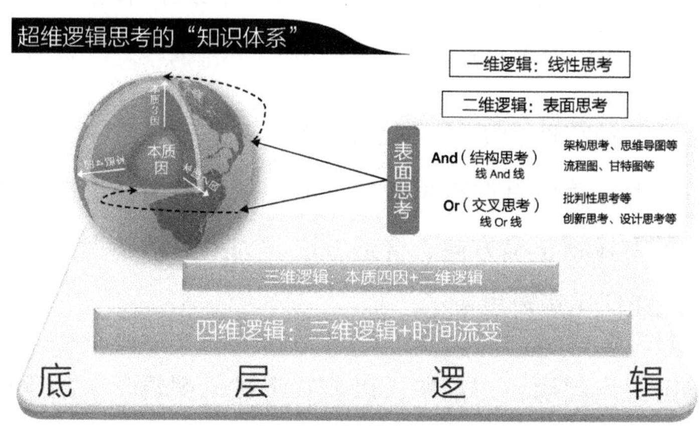

图20　超维逻辑思考必备的“知识体系”

“我将常用的一些思维模型融入图20里，就可以清晰又完整地展示出逻辑思考的‘知识体系’：超维逻辑，帮助我们充分理解其中的区别和关联。

“架构思考、思维导图、批判性思考、创新思考、设计思考等常用的思考模型，为什么都属于二维的表面思考？因为不论运用何种思考模型，只要没有深入到三维本质，也就是二维的表面思考，学习知识就会只知皮毛，解决问题就会只看表象而治标不治本，看人就会知人知面不知心。

“很多人之所以不会深入思考本质，是因为常用的架构思考、思维导图、设计思考等思考模型运用的是二维逻辑思考。这些思考模型应该在深入本质思考的基础上，进化成三维逻辑思考，所以‘三维逻辑思考=深入本质+二维逻辑思考’。

“三维逻辑思考加上时间流逝的变化，就成为‘四维逻辑思考’，就像变动的生态系统一样。进一步的深入内容会再说明，今天先建立整体的知识体系就好。”

三人目不转睛地看了好一会儿，黑狗首先赞叹道：“这套融会贯通的知识体系，就像是逻辑思考的导航地图，指引我们在复杂又抽象的思维世界中找到正确方向、合适方法。如果灵活掌握这套‘超维逻辑’，我就能活用逻辑思考了。”

鹦鹉则提出问题：“前辈，以前我听过《逻辑学》的逻辑谬误，为何您没讲这部分的内容呢？”

猫头鹰微笑着回答：“小鹦鹉，你这问题非常好。你学数学时，前辈教你2+2=4，你有没有想过，为什么前辈不教2+2≠5、6、15呢？因为错误的答案多不胜数，因此只学习错误并不能让我们懂得正确的答案，学习逻辑谬误也是如此。如果只学习逻辑谬误，无法让人建立逻辑正确的思维；所以，我们应该首先掌握‘超维逻辑’，把逻辑谬误当作练习、补充。”

乌龟领会了猫头鹰的解释，感慨地说：“前辈，如此融会贯通的逻辑思考，思考不再受限于特定模型，就变得更灵活、更有创造性了。”

黑狗接着说：“前辈，我现在才明白以前所学的结构思考、设计思考等各种思考模型与方法，都只是逻辑思考的一小部分，而且还只是二维的表面思考，难怪在很多情境下，这些思考模型常常派不上用场。”

乌龟接着说：“前辈，这些各式各样的思考模型，我觉得很像武功的‘招式’，可以千变万化，但如果只学招式，效用却很有限，因为学不完所有招式。您所说的融会贯通的逻辑思考，是否就像武侠小说里的‘九阳神功’一样？如果掌握得当的话，不但可以灵活使用各种思考模型，还能自己创造出新的思考模型。”

猫头鹰满意地点头：“乌龟，你这比喻很贴切。正如你们所说的，掌握好融会贯通的逻辑思考，就能活用逻辑思考，也就能活用、创新思考模型，不被招式限制而能‘无招胜有招’，也就能活用知识，还能拥有高效学习的能力。

“曾经有记者问OpenAI的CEO萨姆·阿尔特曼：‘现在AI进步这么快，你建议孩子要学习什么？’他回答说：‘除了韧性和适应力，还要学会思考力和高效学习、创新力。’事实上，学会活用逻辑思考力，创新力和高效学习力也会随之提升。”

鹦鹉兴奋地接着说：“前辈，以前我经常听一些行业大佬说，在现今变化快速的科技时代中，高效学习能力非常重要，但我一直不知道该怎么提升这种能力。现在才知道，原来它也是活用逻辑思考力的副产品。”

猫头鹰点了点头：“我们之前讨论过，思考是认知世界、处理信息（包括判断、推理）以及创造价值的方法和过程。因此，超维逻辑就是运用‘四维逻辑+底层逻辑’来引导我们的认知、判断和推理三大思考活动。这种思考方法和过程能够创造高价值，从而提升收入、成就和幸福感，同时避免陷入价值观思考或其他初级思维的误区。”

猫头鹰接着说：“北京大学历史系主任赵冬梅教授在‘北大赵冬梅讲中国史’课程上曾说：‘我们不得不批评中国传统思想上的一个致命伤，儒家经典、古圣先贤都有一个共同的问题，就是思考的方法不严密。’所以有很多不自洽，甚至自相矛盾的地方，就很容易陷入‘公说公有理，婆说婆有理’的境地。

“四维世界中的人、事、问题，如同多色的不规则体，从不同的视角观察，其形状和色彩各异，更难以洞察其内在本质。因此，我们需依赖深度思考来全面认知其内外。在《论语》中，孔子对‘仁’的论述达109次，每次的阐释都不尽相同。这是为什么呢？难道同一概念不应该只有一个‘正确解释’吗？

“这种就是二维表面思维的结果——从不同角度、不同情境出发，便会得出不同的认识。孔子对‘仁’的多种解释，看似丰富，实则仅触及外在表象。正如你即便了解某人在不同情境下的多种外在表现，如打扮、言行、举止、习惯等，却依旧无法洞悉其内心，终究是'知人知面不知心'。相对地，若能清晰把握本质，那么内在本质所衍生的外在表象便只需通过少数几个例证来验证，从而使思考更为深入、明晰且有序。

"正如赵冬梅教授所指出的，古代圣贤的共同问题是思考方法不够严密。这一问题的本质在于，中国古代的思想家往往局限于二维的表象思维，难以全面认知事物的内外，因此对同一事物有多种不同的解释，难免陷入'公说公有理，婆说婆有理'的纷争（美其名曰'见仁见智'），同时缺乏底层逻辑，易于产生各种矛盾，常常与常理相悖而不自知，仿佛驾驶无共同交通规则的车辆，每个人都只按照自己的理解行事。

"传统的非逻辑思考方式，通过文化、教育、环境的影响，已经根植于我们的思维之中。因此，我们需要从非逻辑思考进化到融会贯通的逻辑思考。请看图21。

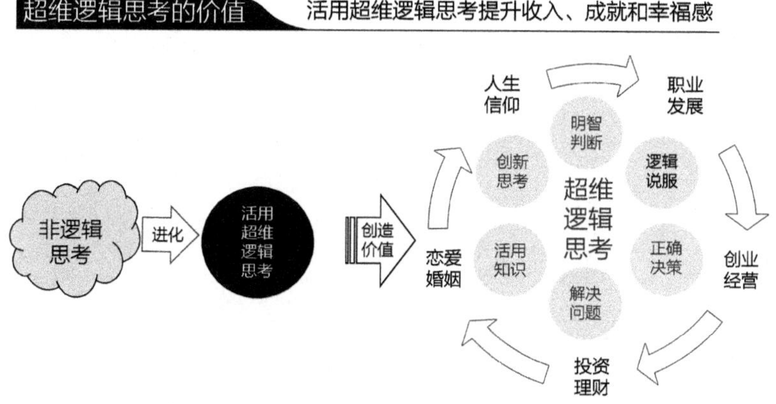

图21　超维逻辑思考的价值

“融会贯通的超维逻辑思考，可以运用在职业发展、创业经营、投资理财、恋爱婚姻、教育孩子，甚至是人生信仰。也就是说，可以用在生活的方方面面，而主要的思考情境是明智判断、逻辑说服、正确决策、解决问题、活用知识等层面。至于逻辑思考所运用的‘四维逻辑+底层逻辑’具体准则有哪些？具体要如何运用？下次聚会中，我会就这些问题和大家深入讨论。”

三人听完后，眼中充满着期待和兴奋，他们深知这趟学习之旅，将是一场前所未有的思维寻宝，探索更加深入且灵活的逻辑思考领域，同时也将成为他们个人成长的关键。

第八章

方形的圆？色彩斑斓的黑？

——逻辑思考应遵循哪些逻辑原则

聚会一开始，乌龟就抢先发言：“前辈，我那天看到一个有趣的故事，跟我们学习的内容有关，我想先分享一下。”

猫头鹰微笑着：“好啊，请说。”

乌龟笑着说：“有三个朋友在一家酒吧聊天，一位是警察，一位是农民，一位是赌徒。警察说：‘我见过很多人，我觉得人可以分为好人和坏人。’农民说：‘不对，人分成乡下人和城里人。’赌徒说：‘你们都错了，人分幸运儿和倒霉鬼。’三人各抒己见，因观点不同而争论起来。

“我觉得，这故事很真实地呈现出主观‘价值观思考’所造成的混乱，在我们生活中也经常会见到，却一直没有解决良方。跟前辈学习后，我才知道问题的根本原因，更知道可以用超维逻辑思考来避免这种高成本的误解、低效、争执。”

猫头鹰点头说：“嗯，这故事很切合思考的主题。一般来说，人怎么想，就会怎么说和怎么写，所以亚里士多德说：‘语言是思想的符号，文字是语言的符号。’我们之前也分享过，逻辑思考的三大组成是深度认知、逻辑判断、逻辑推理，三者常常混搭使用，尤其是逻辑判断和逻辑推理，两者的关联更紧密。我们来看图22所示。

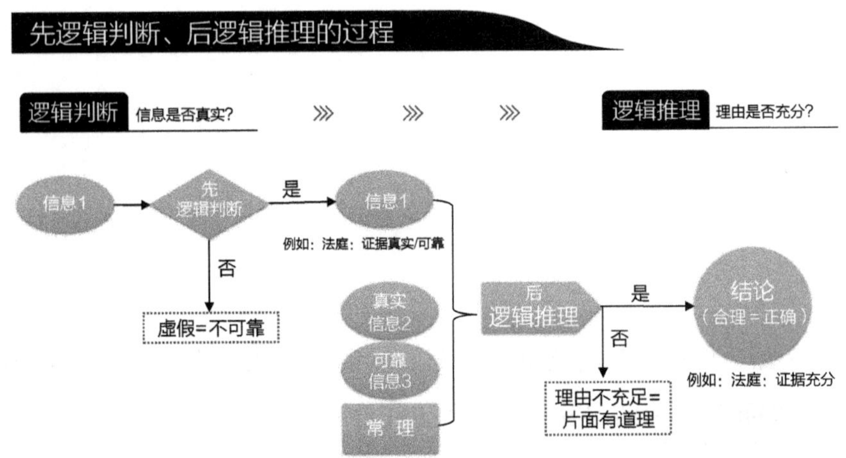

图22 先逻辑判断、后逻辑推理的过程

“这张图展示了先逻辑判断信息、后逻辑推理结论的过程。也就是说，先用逻辑判断信息是否真实，再根据真实的信息和合理的常识，逻辑推理出有‘充足理由’的结论，这样的结论才是合理、正确的，而非仅仅有‘片面理由’的结论。

“以某地区的大小选举为例。选民首先必须判断众多信息的真假，然后进行推理，以确定哪位候选人更适合公职，最终做出正确的投票决定。正面的信息，可能是候选人的巧妙包装，甚至伪装；负面的信息，可能是对手团队的造谣，甚至是不中立媒体的有意误导。如果缺乏足够的逻辑思考来判断信息的真假，就很可能被名嘴、政客、媒体欺骗，难以正确推论出哪位候选人更优秀。当然，最后就会做出错误的选择和投票。”

鹦鹉听后，脸微微泛红地说：“前辈，我以前就像您说的，被媒体、名嘴、政客的假信息骗，也被家人、同学、朋友影响，所以领导人选举我就曾经投错人。”

猫头鹰笑着说：“嗯，我们再来看看，法庭上，陪审员，以及法官、律师、检察官等，都如何运用逻辑思考？

“不管是陪审员，还是法官，都无须具备专业的法律知识，那是因为他们遵循逻辑并运用常识。他们先逻辑判断各项证据、信息的真实性，再逻辑判断辩护律师和检察官的陈述决定谁更有‘充足理由’。请看图23所示。

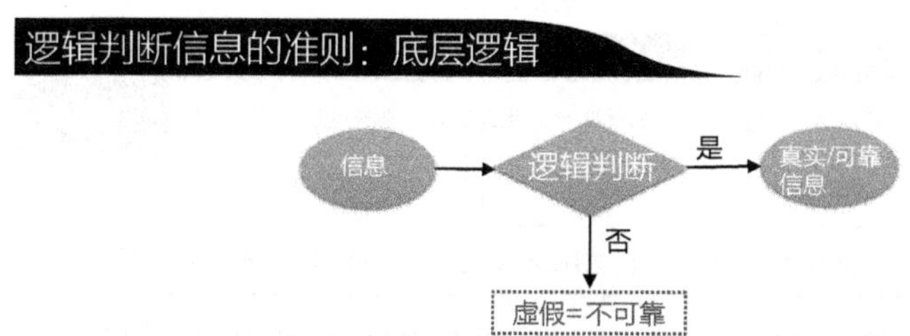

底层逻辑	逻辑通洽 =（多重）一致性/（多重）不矛盾					
	词项自洽	命题自洽	本体自洽	常理他洽	感知他洽	常理续洽
逻辑判断信息真假	✓	✓	✓	✓	✓	✓
非逻辑判断信息	按价值观、经验、直觉判断，往往不符逻辑通洽					

图23　逻辑判断信息的准则：底层逻辑

“在生活中，我们需要遵循逻辑，并运用常识来判断各种信息的真实性，也就是要遵循‘底层逻辑’：从词项自洽、命题自洽到常识自洽（稍后会逐条说明），才会符合‘逻辑通洽’，也就是符合（多重）一致性，换句话说，就是（多重）不矛盾。回想我年轻时，只会按照价值观、经验，甚至第六感来判断，往往就误判、误信。”

鹦鹉一听到猫头鹰说到法庭，精神就来了：“前辈，我喜欢看律政类的美剧，里面有些律师我觉得好厉害，原来这就是善于逻辑思考的表现啊。”

猫头鹰笑着说：“哈哈，鹦鹉，难怪我觉得你似乎学过一些逻辑知识，原来是受美剧影响。好，我们再看图24所示。

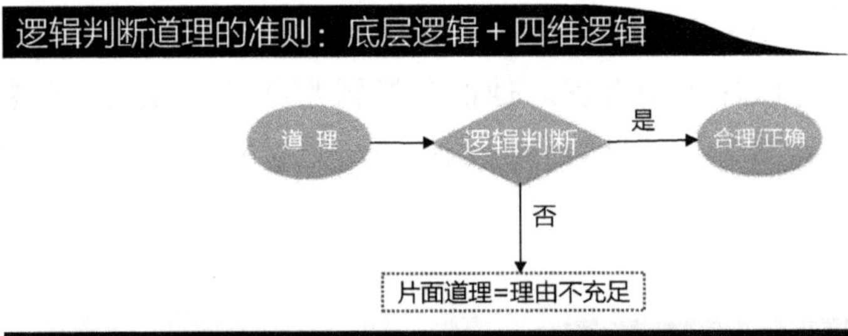

底层逻辑 + 四维逻辑	逻辑通洽 =（多重）一致性/（多重）不矛盾						充足理由
	词项自洽	命题自洽	本体自洽	常理他洽	感知他洽	常理续洽	
逻辑判断道理对错	✓	✓	✓	✓	✓	✓	✓
非逻辑判断道理	按价值观、经验、直觉判断，往往不符逻辑通洽，理由也不充足						

图24　逻辑判断道理的准则：底层逻辑+四维逻辑

“在生活中，判断信息真假时只要遵循‘底层逻辑’，符合‘逻辑通洽’即可。如果要判断道理的对错，除了底层逻辑，还必须遵循‘四维逻辑’，这样就不但符合逻辑通洽，也符合‘充足理由’，才是正确、合理的。

“一些专家、学者的话听来好像很有道理，却往往只有片面理由，就是因为没有遵循‘四维逻辑’，也就不符合‘充足理由’，所以别人很容易找到其他常识或案例来反驳，就会‘公说公有理，婆说婆有理’了。

“法庭中的陪审员或法官，用‘逻辑判断’来辨别他人的信息、道理；辩护律师和检察官则要用‘逻辑推理’来说服他人。不论是辩护律师还是检察官，都必须运用符合可靠性的证据，运用常识和法律，并且遵循‘逻辑’，推理出有‘充足理由’的陈述、道理，用以说服陪审员和法官。

“那么，如何推理出有‘充足理由’、而不是只有片面理由？你们看图25。

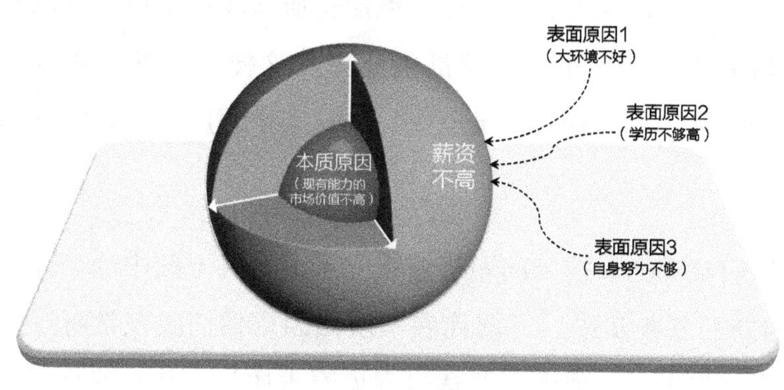

图25　二维表面原因vs三维本质原因

“用个例子来说明这张图，同时回答刚才那个问题。大学毕业的小陈，已经在职场打拼五年了，升职、加薪都不多，未来似乎也看不到希望。面对这样的处境，小陈会怎么想？又应该怎么办？是认为大环境就这样，没办法；还是应该跳槽、换工作；抑或是应该做兼职来提升收入？这几种不同的选择，都是二维表面思考下的结果与选择，所以只看到部分的表面现象，只想到部分的‘表面原因’（球体表面的虚线），也就只是‘片面理由’，解决方案就会‘头痛医头，脚痛医脚’，效果很有限。

“如果用三维逻辑思考就会发现，收入不高的‘本质原因’常常不是不够努力，而是‘现有能力的市场价值不高’。例如，在同样大环境的同一家上市公司里，高层管理者的年薪（含股票期权）常常是基层员工的数十倍，甚至数百倍，差异这么大的根本原因，就在于彼此能力的市场价值不同。因此，延长工作时间或做外卖兼职，并没有针对问题的根源对症下药，即使再努力，虽然可以增加一些收入，仍然无法实现未来的美好目标——60岁财务自由。所以，小陈应该针对本质原因，好好深入思考自己的潜能特质和职业发展，加以长远规划，然后努力培养出市场价值高的能力。这样深入思考才能对症下药、根除问题，也就有‘充足理由’，这需要深度思考到三维的‘本质四因’。

“你们试着把事情、问题想象成三维的球，上图中的‘球体核心+由内向外的三条实线’，就代表本质四因。你们应该常听不少专家说‘要深度思考’，或者‘要透过现象看本质’，其实就是要‘深度思考到现象内在的本质’。但‘本质’是什么？深思本质的‘具体方法’又是什么？却很少有人深入讲清楚。

“逻辑思考中的‘本质’，是四维世界中立体的人、事、物、问题的内在属性。内在本质会衍生出外在表象、结果，这就是‘相由心生’的原因。也就是说，人、事、物、问题的‘本体=内在本质+外在表象’，这样去思考事情，才是完整的，才会有‘充足理由’。就像一颗完整的苹果=内在果核+内在果肉+外在果皮，眼见的外在果皮只不过是表象、形式，都只是皮毛而已。所以，如果没有深入思考清楚本质，任何思考都只是停留在二维的表面思考——不论你使用的是哪种思考模型。

“很多人认为‘本质’就等于是做一件事情的‘目的’，实际上，苹果的外在果皮以内（果核+果肉）都是本质，所以事情的外在表象以内都是本质。因此，本质有四因，而不仅只有‘目的因’。你们看图26所示。

三维逻辑：本质四因

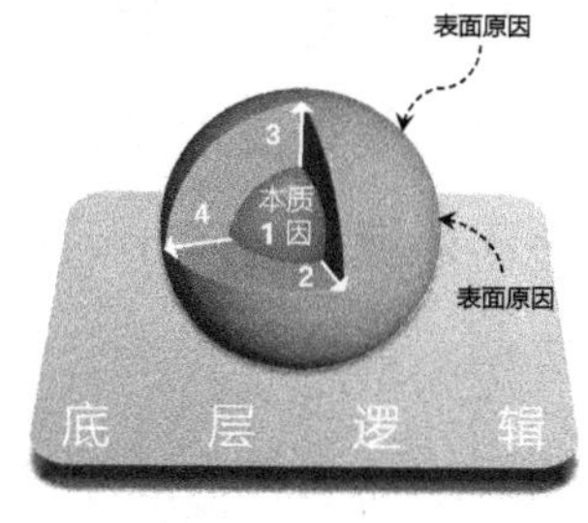

三维逻辑：本质四因				四维逻辑
本质1因	本质2因	本质3因	本质4因	时间变化
核心、最终目标	关键要素	有效方法	正反动力	根据时间产生的重大变化而调整
底层逻辑（逻辑通洽）				

图26　三维逻辑：本质四因

“一件事情的‘本质四因’，包括（核心）最终目标、关键要素、有效方法和正反动力。我们举具体的事情来说明。

“要做一件重大的事，如创业，第一个要思考的因素，是不是就是做这件事的‘目的’？有人创业的目的是为了改善生活，有人是为了财务自由，有人为了实现自我。所以，本质第一因是‘目的因’。

“目的的功能就像北极星一样，引导我们在没有清晰道路的旷野、森林中行走而不迷路，也能使我们在遇到前面有障碍而暂时转弯时，还能清楚知道目标在何方。所以，创业前辈常会提醒说‘不忘初心’，所谓的‘初心’一如北极星的功能，遵从其指引便能避免被纷乱的信息、多变的状况，以及复杂的问题影响而乱了方向和道路。

“创业这件事，有起点、过程、终点，所以创业目标称为‘最终目标’；事业的发展，就像一颗‘果子’的成长，所以目标也可以称为‘核心目标’。因此，最终目标（事）和核心目标（物）可看作一体。

“创业的目的、目标不同，选择的行业、项目就会不同，后续的许多选择和行动也随之不同。不论创业的目的为何，有了目的以后，就要思考实现目的之‘关键要素’。例如，创业的关键要素可以大致分成三类——天时（时机和趋势）、地利（外部环境和需求），以及人和（团队能力和资源），彼此还要配合、协调。当然，每类关键要素还要再深入细分。

“要良好掌握、运用这些关键要素，则需要‘有效方法’，例如，关键要素中的内部能力之一——逻辑思考能力。如果目前还不具备这种能力，就要先找到‘有效方法’，再照有效方法去练习，这种能力就能逐渐培养出来。

“在创业的过程中，会有正向动力，如企图心、同伴的鼓励、进步所带来的喜悦、达成阶段目标的成就感。同时，也有阻碍前进的反向动力，如人的惰性、遇到困难的挫折。所以，‘正反动力’也要一并纳入考虑，因为它们对最终目标的实现也有重大的影响。

“运动或健身，就是正反动力的最好例子。运动的最终目标、关键要素和有效方法，都容易有清楚的了解，也有很多成功的经验可以参考，而反向动力——惰性——导致很多人半途而废，无法实现最终目标。这时就需要调整运动模式、方法来降低反向动力，再逐渐提升正向动力，就可以持续下去并逐渐实现最终目标。

“本质四因和外在表象，都会受到时间影响而改变，所以过段时间还要再追踪、思考这些要素的变化，这就是四维逻辑思考，也可以说是系统思考。‘战略规划’就是一种系统思考，所以需要根据时间产生的重大变化而调整。2024年2月，苹果公司中止已投入十年的电动车项目，把宝贵的资源（时机、人才、资金等），改投入更重要的地方（很可能是AI领域），这就是重大的战略调整。”

听了猫头鹰的解释，乌龟恍然大悟地说：“难怪，我以前听别的前辈说‘本质就是目的’，但实际在运用时，总觉得还有一些关键要素漏掉了。现在听前辈的说明，就很清楚为什么本质要有四因，而不是只有目的因。”

猫头鹰点点头，继续往下说：“人、事、物、问题的三维本体＝外在表象+内在本质，‘眼见为实’之所以只能看到片面的外在表象，就是因为内在本质是一种眼睛看不见、却又真实存在的属性，必须借由深思本质才能触及。对于习惯‘眼见为实’这种表面思维的人来说，可能陌生又抽象，所以我用图像和举例来说明，帮助你们理解。

“农业时代的生活不需要深入思考本质，‘眼见为实’就够了，即使碎片化思维也没什么大问题。进入科技时代后，人、事、物、问题都需要深入思考眼睛看不到的本质，如果再用二维的表面思维去认知、判断和推理，就很可能真是‘盲人摸象’了。所以，有句话说‘人的一生都在为自己的认知买单’，认知如果浅薄就容易偏差，判断、推理就随之偏差，后续的选择和行动也随之错误。

“学会深思本质的思维还有一个很大的好处——能够分清形式和本质，就能明白什么应该灵活、变化，什么应该坚持、不变。就像我们开车要去一个地方，遇到前面有车祸而堵车时，就要转弯、调整，但最终目的地仍然不变。

“也就是说，同一本质下，形式不但可以多样，也应该有弹性。在现实的复杂世界中做事或下决策，要务实地灵活，也要有中心思想、理想，作为坚持不变的大原则。我们要有坚持的理想，同时又要有务实的灵活，才能实现理想，这需要分清楚形式和本质，需要深入思考本质四因。

“我们再来看一个生活中的实例。有位母亲，在和35岁未婚的高管女儿沟通相亲不成的原因时，母亲说：‘你不应该才见几次面，就问人家收入多少、有没有房子和车子，这样让人感觉很现实。价值观、性格才是感情的长久支撑。’女儿则解释说：‘我不是拜金女，我自己也能赚钱买我想要的，但有些条件的确是衡量另一半的关键标准。’

“这是不是生活中常见的鸡同鸭讲？是不是又再次陷入‘公说公有理，婆说婆有理’的窘境了？问题出在哪里？按本质四因来看，感情的最终目的是‘两人长久幸福’，实现这目标的关键因素是两人‘真心相爱又彼此合适’，而合适主要在于条件、三观和性格、性爱方面。母亲所谈的是价值观、性格的合适，女儿所说的是条件的合适，都是有关‘合适’的关键要素，但两人都不会深思本质四因，所以就鸡同鸭讲了，而且母女还认为原因在于彼此观念不同或以为是有代沟。从这个例子可以看出，如果不会深思本质四因，不但很难沟通清楚，也往往分不清：什么要灵活、尊重多样？什么要坚持原则、持续不变？甚至分不清：什么是次要、无所谓的？什么是必要、不能少的？”

鹦鹉听完后说：“前辈，经您这样深入说明清楚以后，再回想我在工作中和同事沟通，或是开会时的情况，还真的就像这对母女的对话，说是沟通、讨论，其实只是各自表达想法，最后再汇总而已，因为我们的确不懂三维逻辑思考。”

黑狗接着说：“前辈，我发觉，以前我头脑中的知识、经验、信息、感觉，就像早期的建筑工地一样，砖头、水泥、钢筋、木板、沙子，乱七八糟地散落一地。如果用您所讲的三维逻辑思考（深思本质四因+二维表面思考），就能很清楚地分别形式表层和本质四因，并且清楚彼此的关联，就像把脑中的许多东西，搭建成清晰立体的‘知识体系’，思维和表达就有很清晰的‘知识体系’，也能很清楚对方在说哪部分内容，沟通就不会鸡同鸭讲了。”

乌龟接着说：“分清形式和本质，又把本质分成重要的四因，这样就很清楚在讨论哪一部分，而不会混为一谈。所以，我打算以后在公司开会讨论时，先从讨论目标开始，再讨论关键要素、有效方法、正反动力，这样就清楚又有效率。另外，如果有人和我目标相同，但方法不同，就可以针对方法再深入讨论就好，这样就容易有共识，而且有针对性地讨论。”

猫头鹰欣慰地说：“嗯，黑狗的比喻和总结很好。乌龟，如果你打算在公司开会时运用，可以参考图27。这张图，按照超维逻辑，把讨论的重大事情分成本质原因1～4和外在表象，还考虑时间因素，将其分成不同时期、阶段，从而可以清楚地分隔且有关联地思考、讨论。这样不但思考深入又全面，而且分清关键和次要，还会有‘充足理由’，并符合底层逻辑，沟通、讨论不但会很清楚，也会很有效率。这张图，可以用在重大事情的思考规划或沟通开会等层面。”

超维逻辑运用表

本质1因	本质2～4因				外在表象 / 结果
1.核心、最终目的	时间	阶段1	阶段2	阶段3	
	2.关键要素				
	3.有效方法				
	4.正反动力				
底层逻辑					

图27　超维逻辑运用表

乌龟高兴地说：“前辈，您这张图直接将超维逻辑‘可视化’，清晰地引导我们思考和讨论，真是非常好的方法和工具。”

猫头鹰微笑着说："是的，这张图是超维逻辑的应用工具。我们上次讨论了逻辑思考的'知识体系'，这次分享具体的'方法和准则'。接下来，我们还会有重要思考情境的实战练习，例如职业发展、恋爱婚姻、创业经营、解决问题等方面，通过多次练习运用，你们会理解得更深刻。"

鹦鹉听后，立刻拍手笑着说："太好了，前辈，您考虑得真周到。"

猫头鹰微笑着说："我们现在再回头逐条梳理'底层逻辑'，你们可以参照图28的说明。

底层逻辑　自洽＋他洽＋续洽

逻辑通洽＝（多重）一致性/（多重）不矛盾					
词项自洽	命题自洽	本体自洽	常理他洽	感知他洽	常理续洽
反例： 方形的圆、色彩斑斓的黑	反例： 理财专员说：有支理财产品，低风险，高报酬	表象与本质四因一致 1. 事情的方法、目标要一致 2. 人内外一致 外在的言行和习惯往往是内心所衍生的，但人们有时会对外在形象进行"包装"	信息、道理要和"常理"融洽	信息、道理要和"普通感知"一致 反例： 政府官员表示：居民消费价格指数（CPI）仅上升了3%，然而，许多家庭发现常食品如饭团、饮料的价格涨幅超过了10%	实例： 1. 日心说推翻了地心说 2. 相对论推翻了时间不变的观念，挑战了以往的科学理论和人类感知

图28　逻辑通洽的基本概念

"逻辑判断遵循'底层逻辑'，就会达到'逻辑一致性'，也就是在逻辑上要符合多重一致性，多重不矛盾。'一致性'是融洽的意思，'逻辑一致性'包含自洽、他洽和续洽。也就是说，信息和道理首先要自洽，也就是自我融洽，不自相矛盾；其次也要他洽，与其他常理、普遍感知融洽而不矛盾；最后还要续洽，与以后新的常理、新的普遍感知继续融洽，这就是逻辑一致性的基本概念。接下来，我们就一项一项地谈谈这些准则。”

猫头鹰继续说：“先说‘词项自洽’，例如‘方形的圆’这个词组，就违背词项自洽。我高一时，几个同学下课时在聊天，有位同学是基督徒，他说：‘上帝是全能的。’另一位同学马上反驳说：‘如果上帝是全能的，那他就能造出方形的圆；如果上帝造不出，上帝就不是全能的。’我们所有同学都觉得他说得很对，连那位基督徒同学也哑口无言。那时候，我那位同学以为用逻辑考倒了上帝，却不知道自己在逻辑上自相矛盾，违反了词项自洽。”

鹦鹉马上提出她的疑问：“前辈，以前我听过一首歌，歌词里有‘色彩斑斓的黑’，这是不是也违反词项自洽？”

猫头鹰回答说：“这也是个好例子。逻辑主要运用在理性层面，追求可靠、真实、合理、正确、精准，而歌词、文学作品等则是用在文艺层面上，追求意境美和心灵感动，不追求逻辑的真实、合理，有时候还会故意制造矛盾性，就像‘色彩斑斓的黑’。再例如，李白写的‘飞流直下三千尺’，没有人会说李白没有真去量过就写三千尺，李白不合逻辑或吹牛。”

鹦鹉笑着说：“哈哈，前辈，您举这个例子真有趣。”

猫头鹰接着说：“再来是‘命题自洽’，例如，有些理财专员为了吸引老年人购买一些理财产品，就夸大他们的产品是‘低风险、高报酬’，你们有没有觉得哪里有问题？”

黑狗笃定地回答：“‘低风险、高报酬’就属于自相矛盾的句子，按常理说，低风险不会有高报酬，所以违反命题自洽。可惜很多老年人不会逻辑思考，听到风险低，报酬又高，还觉得是两全其美，也就上当了。”

猫头鹰说：“嗯，黑狗解释得很好。我们继续来看逻辑一致性中的关键‘本体自洽’，就是外在表象和内在的本质四因彼此要融洽、不矛盾。例如，做任何事都会有目的、目标，但还需要有效方法来实现。也就是说，目的、目标和方法要符合一致性。你们想想看，有哪些方面经常出现没有符合‘本体自洽’的现象？”

乌龟立即接着说：“前辈，您说的没有符合‘本体自洽’，我觉得很多心灵导师或前辈所教导的内容，就常常缺乏有效方法，来实现他们所宣称的美好目标、崇高境界。”

黑狗说：“经表哥这么一说，我觉得古人似乎也经常陷入这种误区。传统哲学强调知行合一，但在权力、财富和欲望面前，许多人的行为与理念不符。文人相争时的激烈言辞和争权夺利时的卑劣手段，显示了人性的弱点。我们不能因个人行为偏差而否定整个思想体系，实现道德原则需要个人和社会的共同努力。”

鹦鹉接着说：“朋友心情不好时，我常常会好心地安慰说：‘你要开心一点啊！’现在我才知道这是‘好心的废话’。他当然也想开心啊，但就是缺乏有效方法，我自己也没有方法，却叫人开心一点，以为这样就可以安慰、鼓励对方，其实反而给人压力。这就是所谓‘好心做坏事’，正和许多长辈一样。”

猫头鹰接着说：“你们都说得很有道理。这些现象在我们社会里很普遍，有些还会倒果为因，或者错把阶段目标当方法，也没有检验方法是否可行、有效。

“我再以‘人’为例子，来说明‘本体自洽’。我们常说‘相由心生’，外相不只是长相、气质，更包含外在的言语、行为、习惯、爱好等，都是内心所衍生的，因为外在表象是由内在本质衍生而出的，所以内外是一致的，这就是‘本体自洽’。

“然而，为什么很多人常常感慨‘知人知面不知心’？因为我们人都会不同程度地‘包装’自己。所以，想‘知人知心’就要观察不易伪装自己的情境（如酒后、生气时）、关键时刻（如财、色、危难当前）、突发事件（如塞车、车祸），再对照平常的言行。有时候还要试验，例如公司面试时的各种奇怪问题，甄选重要高阶主管甚至还会背景调查，有时候甚至需要‘日久见人心’等，这些都是在尝试了解一个人的真正本性。”

鹦鹉听后说道：“前辈，经过您的解释，我终于明白了为什么我的闺蜜总是被不良男性欺骗。她沉溺于男友的甜言蜜语，过分注重他们的外表和身材，而忽视了其他方面，因此只知其面，不知其心。”

黑狗接着说：“我也想到我的一位同学说，他每次投票时都会研究选举人的政见，再决定把票投给谁，他认为这样比较理性。我之前总感觉怪怪的，现在我明白了。政见再好，如果人不好，那些好政见不过是骗选票的诱饵，选上后也不会去努力兑现。所以，会看人、能知人知心真的很重要。”

猫头鹰接着说：“是啊，同样的道理，所以天使投资人在评估企业投资时，评判考虑主要是评估创办人和团队，而不只是评估创业项目。”

“我们再来交流‘常理他洽’，就是信息、道理要和各种常理不矛盾，所以我们会说‘你说得不合常理’‘这件事不合常理’。虽然‘常理他洽’这个准则大家都比较有概念，随口就会说，但运用得好不好却是另一回事。

“接下来是‘感知他洽’，也就是信息、道理要和‘普遍感知’的经验一致，不能落差太大。例如，最近有个流行名词叫‘体感贫穷’，就是一种‘普遍感知’的体验。假设，政府官员说：‘居民消费价格指数（CPI）仅上升了3%，其实并不高。’但如果和大家普遍的感知经验差别很大，就是不符合‘感知他洽’的准则。

“再来是‘常理续洽’，指的是过去的信息、道理、常理、科学要和后续的新常理、新科学融洽、不矛盾。例如，2世纪的‘地心说’，被16世纪的‘日心说’所推翻，16世纪的日心说，又被近代的科学知识所推翻，原有的常理（地心说）违背了‘新’常理（日心说），所以不符合常理续洽。科学、常理都通过常理续洽的方式，不断地修正、前进。续洽主要检视观念或道理是否‘昨是今非’。很多传统观念、习俗，都不符合续洽，也就是被之后的常理或科学推翻了。

“之前我们讨论过，科学证明包含‘理论证明+实验证明’，理论证明就是逻辑证明。词项、命题、本体自洽和常理他洽类似于理论证明，感知他洽类似于实践经验证明，常理续洽主要是持续验证。

“如果发生了不符合逻辑通洽，也就是产生了逻辑上的矛盾了，怎么办？就要去深入思考，加以调和、贯通以化解矛盾，而使之一致。如果一时调和、贯通不了，就要先想清楚适用范围、前提假设，避免错用。”

黑狗说：“前辈，这些‘底层逻辑’的准则很像多层的滤网，就可以过滤掉似真还假的信息，以及似是而非、昨是今非的道理。”

猫头鹰笑着说：“没错，活用‘底层逻辑’的这些准则，就可以很好地快速判断信息真假和道理对错了，我们后面还会用实际例子来练习。”

鹦鹉感慨地说：“前辈，从您这几次的教导到现在，我终于知道逻辑思考的知识体系和具体方法，也才明白我以前对逻辑思考的认知不但表面，而且偏差很大。最可怕的是，我以前竟然自以为知道了，自以为会逻辑思考了。要不是经过您耐心又深入清楚教导，我很可能就一直自以为是下去。前辈，真是太感谢您了。”

猫头鹰抿了一口咖啡，微笑着说：“哈，不客气，也是因为你们都有颗谦虚受教、积极学习的心，所以听得下去我所分享的内容。

“我们正处在信息爆炸的科技时代。从小到大，每天都会主动或者被动地接触各种形式的信息，文字、言语、图像、影音，还有那些非言语信息，如表情、眼神、肢体语言、代码。这些信息往往是碎片的、杂乱的，经常是似是而非、昨是今非、彼此矛盾的，甚至有不少是故意伪造的。

“所以，我们需要培养‘逻辑思考’所包含的三种能力：一是深度认知，二是逻辑判断，三是逻辑推理。在我们日常生活中，每天都需要组合运用这三种思考能力。你们看一下图29所示。

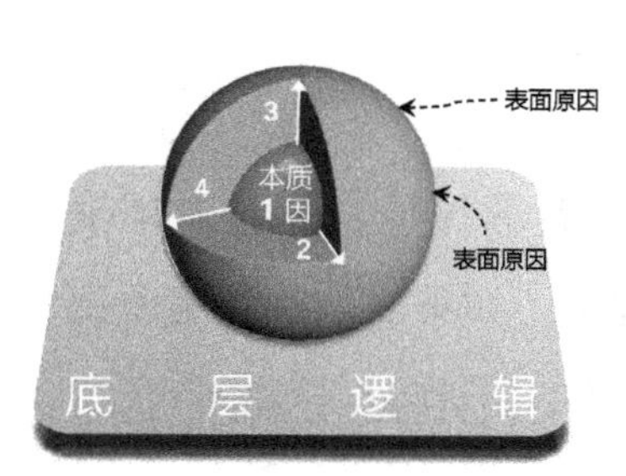

四维世界的逻辑思考 → 遵循超维逻辑	
1. 深度认知	What + Why + How
2. 逻辑判断	思考情境 → 判别信息真假/道理对错
3. 逻辑推理	思考情境→ 人：逻辑说服，识人 事：正确决策，根除问题 物：开发产品，活用知识

超维逻辑			
一维逻辑	二维逻辑	三维逻辑	四维逻辑
线性思考	表面思考	本质四因 + 二维逻辑	三维逻辑 + 时间流变
底层逻辑：1.自洽 2.他洽 3.续洽			

图29　超维逻辑思考的准则、方法、运用情境

“这张图汇总了‘超维逻辑’的逻辑思考，包含了深度认知、逻辑判断和逻辑推理，以及具体需要遵循的逻辑准则、方法，还有主要运用情境。

“逻辑思考就好比我们去超市，看上一条鱼时，我们需要先‘认知’那是什么鱼；买回家后，还需要‘判断’哪些部位不能使用，必须丢弃；最后再运用适当的烹调方法，做成健康、营养的美味料理。

“小孩子不用煮饭，所以只需知道那是什么鱼也就可以了。但父母要做饭，就不能只知道那叫什么鱼而已，还必须有深度认知（What + Why + How）。

“判断食材的好坏需要判断的能力，就像判断信息、道理需要逻辑判断的能力，才能判断信息真假、判断道理对错。

“运用好的食材，做成健康、营养的美味料理，当然更需要有良好的厨艺。同样地，要活用信息、知识、经验、常理等来创造价值，更必须有活用逻辑推理的能力，才能活用信息、经验、常理来达到逻辑说服、正确决策、根除问题、活用知识等目标。”

黑狗接着说：“前辈，这个买鱼做成美食的比喻，让我对逻辑思考的三大思考组成，有更具体、清晰的理解了。如果不是一路跟着您学习，今天您所讲的内容，我可能会听不懂，甚至还觉得您说得不对。”

“哈哈，我理解，确实是这样。”猫头鹰笑着说，“从下次聚会开始，我们将进入日常生活的思考情景，进行生活实例的思考练习和交流，看看在实际生活的重要情境中，逻辑思考如何发挥作用。

“回去后，有空不妨多想想你们在实际生活中运用逻辑思考的例子。”

黑狗兴奋地表示：“前辈，我迫不及待想要在实际问题中尝试应用了。”

在回去的路上，乌龟对黑狗和鹦鹉说：“我真没想到，前辈把逻辑思考融会贯通得这么深入又清楚，今天前辈所讲的，我们一定要好好思考、消化。如果能活用‘逻辑思考’，相信我们原有的困惑、问题，都能想透、想通了，将来也不怕遇见难题了，就能像前辈所说的，可以提升收入、成就和幸福了。”

黑狗和鹦鹉都连连点头称是。

—— 实战篇 ——

不同情境下的超维逻辑思考

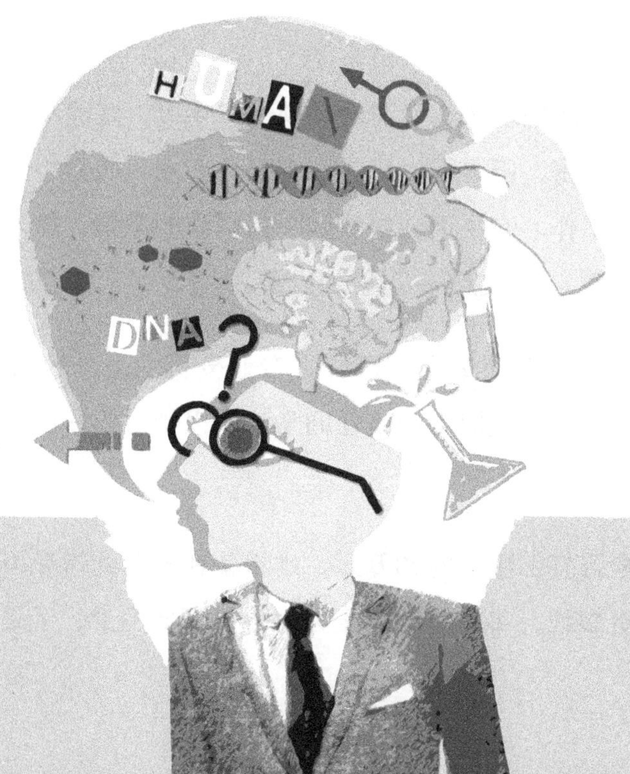

第九章

辨别信息真伪的逻辑思考

——思考的方法、过程和结果同等重要

小怪是鹦鹉的表妹，目前就读硕士二年级。她经常看到同学在讨论如何炒股致富，听多了以后，也有点儿心动，因为小怪很担心毕业后找不到好工作。有一天，她收到一位同学的邀请，加入了一个微信群的投资群组。小怪想了一下就加入了。

群组里，投资前辈会发送许多专业分析信息，也有不少对前辈无比崇拜的言论。正因为她信任同学，所以她对投资前辈的信任与日俱增。

自己辛苦打工赚下的20万元，她希望在前辈的指导下翻倍，这样手里就有更多钱，将来的就业压力就可以降低不少。于是，她决定按

照前辈的指示试试，投入8万元，结果一周不到就涨了10%，这让小怪更加相信前辈的炒股能力。于是，她不但打算把20万元全拿来投资，还想向表姐鹦鹉借点钱增加资本。

和鹦鹉在咖啡厅碰面后，小怪毫不犹豫地告诉鹦鹉，她相信鹦鹉会支持她，因为她们是好朋友。鹦鹉听完觉得有点不对劲，但也无法肯定问题出在哪里，所以打算在聚会时请教猫头鹰，再决定如何帮助表妹。

聚会一开始，鹦鹉率先分享了表妹小怪的情况，以及自己思考后的想法。

猫头鹰倾听完鹦鹉的分享后，赞许地说："非常好，将所学的逻辑思考应用在实际生活中，就能有效地训练逻辑思考力。"

停顿了一会儿以后，猫头鹰说："鹦鹉所讲的，刚好符合我们今天的主题，就是运用逻辑思考来判断：信息是真是假？道理是否似是而非？在交流小怪的例子之前，我们先回顾一下图30。

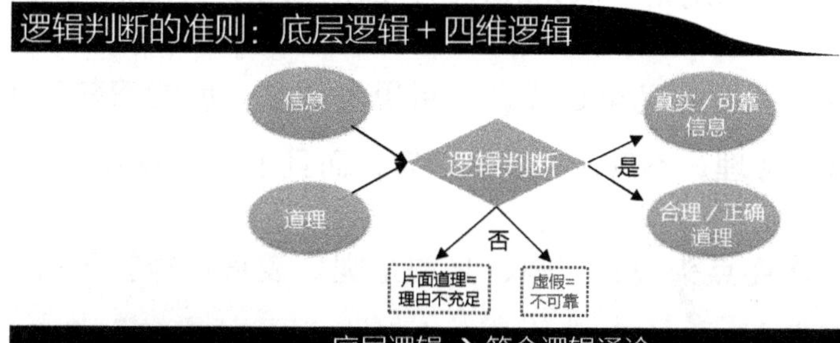

底层逻辑 + 四维逻辑	底层逻辑→符合逻辑通洽						四维逻辑
	词项自洽	命题自洽	本体自洽	常理他洽	感知他洽	常理续洽	本质四因→充足理由
逻辑判断信息真伪	✓	✓	✓	✓	✓	✓	
逻辑判断道理对错	✓	✓	✓	✓	✓	✓	✓

图30　逻辑判断的准则

“这张图的上半部，代表逻辑判断信息、道理的过程。下半部，则是逻辑判断所需遵循的具体准则：底层逻辑和本质四因。我们先来练习这个2023年8月的网上信息——潜艇因暴雨被冲上岸。请各位分享一下你们判断的结论，也尽量说清楚你们的理由。”

鹦鹉抢着说：“这个明显是假的，感觉就很假。”

黑狗随即附和道：“我也认为是假的，潜艇怎么可能被暴雨冲上岸呢？”

乌龟思考片刻后说：“潜艇可以在深海里潜行，但这个消息说潜艇被暴雨冲上岸，所以与潜艇的原理矛盾，也就违反了‘逻辑他洽’，应该是虚假的。”

猫头鹰倾听完三人的分享，然后说：“你们三人的结论都是正确的，但所采用的思考方法各有不同。鹦鹉用的是‘直觉思考’的感觉，乌龟则遵循逻辑判断，且清晰地说出了判断所依据的常理，而黑狗虽然也得出了正确的结论，但无法看出判断的依据是什么。

“你们发现了吗？像乌龟这样，逻辑思考清楚，就能清楚地讲出哪里不符合逻辑、常理，不仅让人容易理解，而且很有说服力。”

鹦鹉听了，连连点头说：“嗯，真的是呢。表哥这样就无可反驳了，哈哈。”

黑狗则说：“是啊，我常常只说结论，即使结论是正确的，但没有像表哥这样清楚地说明依据，以及指出违反了什么逻辑，说服力就很低了，还是很容易各说各话。”

猫头鹰微笑着说："这次的练习，还揭示了一个有趣的现象。即使运用不对的方法，有时候也可能得到正确的结果，也就是说，有时候我们会幸运猜对某些事。然而，简单的事容易猜对，例如，我让各位练习的这个消息；但是，对于较为复杂的事，如职场工作、投资股票或者创业这些事，要幸运猜对的概率其实都非常低，若想要连续猜对的可能性就更低了。所以，我们学习逻辑思考，是为了确保我们的判断和推论更加准确，而不是依靠猜测、第六感或运气，更不是把自己的命运交给江湖算命师。"

鹦鹉点头表示认同："我懂了，我常凭感觉判断，就是用直觉思考的结果。"

黑狗附和道："前辈，我也明白了。思考的方法、过程和结果同样重要；有了有效方法，运用过程也要正确，常常就会有好的结果，除非遇到不可掌握的意外。"

猫头鹰鼓励地笑着说："没错。就像在项目管理和企业管理中，都会讨论、修正方法，也会追踪过程，就是为了确保最终产生好的结果。"

黑狗这时提出一个问题，说："前辈，有次我在网络上看到一个信息说'美国51区里面有外星人的遗骸和飞碟'。这个信息如何用逻辑来分辨？"

猫头鹰笑着说："这个问题很有趣。美国51区的外星人、飞碟究竟是真、是假？这个信息可以从两个层面来加以检视：一、理论证明的层面，关于外星人，目前没有大家普遍认同的常理。也就是说，以我们人类目前的知识能力，还无法用理论推导、证明外星人是否存在，并为大家普遍认同，也就是缺乏被大家普遍认同的常理，所以我们就无法运用常理来检视了。

“二、实践证明的层面，大家不妨想想，想要进一步找到可以确认是真，或确认为假的事实或经验证明，是不是也很难？如果连深入的可靠证据都找不到，是不是就表示它离我们太遥远？也就是说，跟我们生活没什么直接关系，对我们不重要。所以，对于这类事情，最好的方法就是暂时先别下结论，保持一个开放心态，可以当作聊天的趣味话题，也不需投入过多的注意力和时间，除非自己对这类事物感兴趣。”

黑狗恍然大悟地说：“是的，现在很多自媒体、视频，为了增加流量，抓住人的好奇心，利用科学、知识来包装，其实很多没什么价值，甚至是伪知识。我之前还看到一个视频‘如果你掉入黑洞，该怎么办’。我竟然还把十分钟的视频看完了，现在想想，真是浪费时间和生命。”

乌龟点头附和说：“没错，有时候我们被这些标题骗得不轻，如果我们提升思维、格局，不但能轻松地辨别哪些内容值得我们投入时间，很多短视频或自媒体的内容根本就不想看了。”

鹦鹉笑着总结道：“是啊，学会运用逻辑思考，就像装备了一副过滤器，可以帮助我们从海量的信息中，快速淘汰掉虚假或没有价值的内容。”

猫头鹰笑着说：“很好。现在，我们来练习用逻辑思考来判断鹦鹉表妹小怪和投资前辈炒股这件事。”

鹦鹉首先说：“前辈，我认为这违反了一个‘人性’的常理，如果真的那么容易赚钱，那个投资前辈按照自己的方法炒股就可以轻松致富了，为什么还要辛苦地拉群，不断地分享投资分析的信息？”

乌龟接着说：“巴菲特被尊称为‘股神’，他的长期年化报酬只有21%，但连续45年的‘复利’下来，就达到5300倍，所以才会被投资界尊称为股神。一些投资前辈很敢吹嘘，动不动就是获利几十倍、几百倍，即使是真的，也都是短期的，而且还没算上亏损的。如果一年投资获利十倍，五年‘复利’下来就是16万倍，投资100万元，就变成了1600亿元，投资前辈早就富有了。相反地，美国长期的调查指出，75%的股票基金经理的投资回报率比市场大盘还差。所以，投资前辈说的获利倍数，也不符合投资专业的‘常理他洽’。我们多数人都有不同程度的贪心，而一些不善思考的人，就很容易被投资骗子用主力、内线的高获利说法所欺骗，往往成了被割的韭菜。”

黑狗接着说：“是啊，我觉得还违反了感知他洽，因为自己的亲朋好友中，没听过靠炒股暴富的，反而是亏钱的占多数。”

猫头鹰欣慰地点头，接着说：“的确，鹦鹉和乌龟点出了这件事违反了人性和投资的常理他洽，也如黑狗所说的，违反了感知他洽。很多投资前辈分析股票投资，听起来非常专业，其实不过是‘事后诸葛亮’而已。

“金融投资要能长期获利，需要非常非常强的专业能力，甚至要很有天分。曾有世界知名大学的经济学教授，甚至诺贝尔经济学奖得主，都曾栽在金融投资里。所以，投资股票要能够长期获利，比做生意赚钱要难多了，因此巴菲特数十年的平均年化报酬只有21%，就被投资界封为股神。

“股票上的投资和投机，形式上非常像，都希望借助高低价差获利，但本质有很大不同。股票交易这么专业，自己不下功夫钻研，却想靠股市名师或明牌赚钱，这不是很明显的投机吗？这样的动机不就是和想在澳门赌桌上发财一样吗？即使偶尔运气好赚了一笔，但持续投机最终还是会输。如果在亏得起的前提下，还是想试试，那就去吧，把它当作一种人生课程。

“听说过物理天才大师牛顿炒股的故事吗？这故事首次记载于1804年William Seward写的《名人轶闻》里。牛顿曾经投入7000英镑，购买有政府背景的英国南海公司股票，两个月后赚了一倍，七个月后更是涨到1股1000英镑，增值八倍，于是他立刻再投入。没过多久，投资泡沫破裂，许多人血本无归，牛顿在1720年也亏了2万英镑，相当于今天的300万美元。牛顿感慨地说：‘我能计算出天体运行的轨迹，却难以预料到人们的疯狂。’其实，牛顿连自己的疯狂、贪婪也没预料到。

“从牛顿的例子中我们可以看出，平常非常理性的物理学家，遇到大笔金钱、重大利益时，不但很难再理性了，甚至流露出隐藏在内心、自己也不知道的贪婪，而这也是金融投资最难的一面——胜过自己人性中的贪婪、恐惧和自以为是。”

鹦鹉听了后，说：“前辈，真谢谢您今天分享的内容，我知道怎么和表妹交流了。原来，谣言止于逻辑思考。”

猫头鹰微笑着点头，说：“很好。你们一定听过‘天下没有不是的父母’这句话，我们来用逻辑判断这句话对不对，好吗？”

鹦鹉抢先发言：“虽然说‘天下父母心’，但还是有极少数不好的父母，例如，新闻偶尔会报道父母虐待孩子。”

听完鹦鹉的分享，猫头鹰补充说：“鹦鹉，你说的是‘少数的事实’。我们之前提到过，逻辑是引导思考，运用常理去处理信息。常理是被大家普遍认同的道理，却不是百分之百的‘必然’道理，所以，在进行逻辑思考时，常理是涵盖了普遍情况，而不是涵盖所有情况。

“除了讨论个案或少数情况，一般人的日常交流都是按常理来说的‘普遍情况’，因此，我们有时候会强调‘按常理来说……’。所以，鹦鹉说的虽然是事实，但属于少数情况，不在‘常理’的范围内。”

猫头鹰微笑着说：“不知道你们有没有发现，有时候在交流‘非个人事物’时，不少人还是只讲他个人的主观经历、感受，或少数的个案，其实这有点偏题了。”

鹦鹉羞涩地说：“确实，前辈，我和闺蜜们交流时，经常会陷入这种情况，以前我们没意识到这是一种偏离常理的交流。”

猫头鹰鼓励地笑道：“没关系！这就是我们学习的过程。通过这些练习，我们能够逐渐培养出灵活运用逻辑思考的能力。在日常生活的交流中，这将帮助我们更理性、精准地表达观点。”

黑狗接着分享他的看法：“‘天下没有不是的父母’，这是从小到大的教育，可以算是至理名言了。如果是以前的我，我会认为是完全没错，也符合事实。现在我开始学习用‘底层逻辑’来判断这句话，发觉从‘动机、目的’来说，的确没有错；但如果从父母所采用的‘方法’来看，就会发现常常无法实现目标，也就是方法和目标不一致，所以这句话违背了‘本体自洽’。”

乌龟点头微笑，说：“我的看法和黑狗一样，而且这句话也不符合‘感知他洽’。”

猫头鹰接着说：“很好，你们开始会用逻辑来判断道理了，确实像黑狗和乌龟所说的，不过，让我再举例子补充说明一下。父母对孩子的教养，目的都是好的，希望把小孩教养成‘身心健康，品格好，又有才能’。但很可能因为没有学到合适的方法，而沿用过去的方法，不适合现今时代，或者不适合自己的孩子。再加上‘身教’这个关键方法没有做好，没有成为孩子的好榜样，很可能就无法有效地实现美好目的。”

乌龟高兴地说：“‘天下没有不是的父母’这句话，如果用二维逻辑的表面思维理解，就成了至理名言，但如果用三维逻辑思考，就很容易看出它不符合‘本体自洽’和‘感知他洽’了，差别好大啊。”

猫头鹰开心地说：“你们分享得很好。如果我们沿着这个至理名言的例子，再去反省、梳理我们从小到大所学的各种传统观念和现代思维，你们就会发现许多类似的问题。许多道理和名言，如果用超维逻辑去分析，我们可能会发现它们并非总是正确的，或者随着时间的推移而失去了原有的意义。所以，我们下次要一起来练习如何梳理传统观念与现代思维。”

鹦鹉听到以后，兴奋地说：“太好了，我总觉得有些传统观念很不适合现代社会，但又不大敢说，以前也没有人可以交流。”

听了鹦鹉的话，猫头鹰不禁大笑：“那你现在有地方可以大胆说出来了。对了，你们回去后，想想下次练习的例子。”

在回去的车上，鹦鹉兴奋地说：“你们有没有觉得，这样的练习挺好玩的，还可以训练逻辑思考力。”

黑狗开心地接话：“是啊，这真的就是逻辑游戏。”

乌龟微笑着说：“我也没想到前辈用这种学习方式来引导我们，更重要的是，学习到融会贯通的逻辑思考，这还真托黑狗的福。走，我请你们吃好吃的。”

鹦鹉开心地大笑说：“跟对大哥了，又有美食吃了！”

三人在欢声笑语中，结束了这次愉快的学习交流，并且盼望能在不同情境的逻辑游戏中继续游玩。

第十章

尽信书，不如无书

——用逻辑思考梳理传统观念、现代思维

在乌龟的公司里，发生了一件让他感慨万分的事情。一位刚加入公司的业务经理，在总经理乌龟面前唯唯诺诺，而转头对下属业务员却傲慢无礼，简直是两面人。于是，乌龟将这位年轻经理请进他的办公室，亲自为他倒了一杯咖啡，心平气和地与他进行了一次内心的交流。乌龟以温和的语气耐心地引导他，帮助他认识到自己的错误，并倾听他的改善方案，还适当地给予了一些鼓励和建议。

在这次事件后的第二天，大家又聚在一起了。这种即学即用的聚会，不仅训练了黑狗三人的逻辑思考，也让他们的思维更加灵活，还能与志同道合的伙伴们畅所欲言地分享内心感受。因此，他们对于每

次的聚会都充满期待。

鹦鹉再次迫不及待地首先讲话说："前辈，您上周提到今天要用逻辑来梳理传统观念与现代思维，我很想交流一下社会中的不平等观念。"

猫头鹰面带微笑，回应鹦鹉："好啊，那你先说吧。"

鹦鹉的声音中，带着深深的回忆和情感，开始娓娓道来从小到大所遭受的不平等待遇："我成长在一个传统家庭，父母重男轻女的观念根深蒂固。小学的时候，哥哥们可以尽情出去玩耍，而我则被要求留在家里帮妈妈做家务，让我从小就感到十分不平等。

"当我高二的时候，我父亲对我说：'女孩子不需要上大学，高中毕业就该去工作了。'但是，我坚持要继续读书，甚至提出自己打工赚学费，最后好不容易才赢得上大学的机会。但我那两个哥哥读大学时都不需要去打工，甚至每个月还有不少的零用钱。"

黑狗温柔地注视着她，并紧紧握着她的手，仿佛在默默地说："宝贝，没关系，我会一直陪在你身边。"

鹦鹉转向黑狗，微笑点头，表达了她的理解和感激。

乌龟接着分享了他的观点："听了鹦鹉的分享，我发现很多人从小就受到不平等观念的各种误导。昨天，公司一位新来的经理在我面前毕恭毕敬，却对下属们颐指气使，丝毫不尊重他们。这让我想到，不平等的思维常常会让我们在有些人面前感到自卑，甚至卑躬屈膝，同时又在另一些人面前表现得十分自大，甚至嚣张跋扈。一如在传统社会的洗礼中，有些受尽婆婆虐待多年的媳妇，有一天熬成婆婆了，再转过头来虐待自己的媳妇，这样的恶性循环，影响到不同的世代。这就是不平等文化的影响。

“不平等观念的影响非常深远，如果父亲有不平等思维，就会认为孩子要听他的话，却不愿倾听孩子不一样的想法。如果老板有不平等思维，就会认为是自己赏员工一碗饭，却不曾想过自己同样需要员工的贡献。所以，这种不平等思维，容易导致亲子间产生疏离，以及员工和老板之间彼此不满的情况。”

鹦鹉聆听完乌龟的分享后，感慨地说：“表哥，你说得好深刻。我也见过好几个同事，在领导面前表现得很谦卑，对待送餐的外卖员却很不客气，一副有钱就是老大的样子，就像咱们有句话说‘看高不看低’那样。按逻辑来说，这种传统的不平等思维，很明显违背了常理和逻辑，理由也不充足。”

大家沉默了一会儿，猫头鹰才开口说：“我三十几岁开始梳理传统观念对我的影响时，才发现传统观念通过家庭、学校、社会等多种途径，潜移默化地深刻影响了我，其中有些观念更严重地误导了我。

“鹦鹉所说的不平等观念，是从农业时代的社会遗传下来的。不平等的本质，就是身份高低导致的双标，上位者可以做，下位者却不可以做，这无疑限制了下位者应有的自由和权利。人本来就是生而平等、没有身份高低之分的，这种上位者与下位者不平等的情况之所以出现，完全是后天强加的结果。如果我们不好好深入反思这些观念，就很容易糊里糊涂地再传给下一代，如同父母将一些未经反思而且不恰当的传统观念传给我们一样。”

黑狗听后感慨万分："前辈，您说得太对了。以前我读过一篇文章，里面说有学者主张要梳理传统文化和思想，当时还不太理解为什么，现在才知道，原来这真的非常重要。我生肖属鸡，以前我妈跟我说不能找属狗的，否则会鸡犬不宁。现在学了逻辑思考后发现，这不过是古代人毫无根据的胡思乱想、穿凿附会，所以违背常理和逻辑，却一代代地以讹传讹到现在。我那时候还不会逻辑思考，所以还真相信我妈说的。俗话说'小孩子好骗'，我现在发觉不只是小孩子好骗，只要是不善于逻辑思考的人都好骗。"

乌龟再次分享说："说到传统文化，我想到以前看过的一篇文章，在古代专制帝制下，老百姓生活得很惨。明太祖朱元璋洪武十九年，福建沙县百姓罗湖等13人抱怨法律太严苛、生活困难，被人告发后，13人均被斩首示众。最可怕的是连坐制，即使拼命又小心地做了顺民，如果邻居、亲戚犯了罪，自己没有举报，就一起连坐受罚。在这种集权又恐怖的制度下，老百姓为了活下去，被迫丢弃灵魂、气节、理想和良知，只能一忍再忍，成为官员、皇帝眼中的贱民。

"复旦大学钱文忠教授有段名言：'因为经历了太多的磨难，于是习惯了无底线的忍耐和承受。这导致底层人民徘徊在两个极端，一面狼性，一面羊性。在强者面前，比羊还要乖顺；在弱者面前，比狼更加凶狠。'如今，我们很幸运地生活在平等的时代，但这种文化特性，还是可能通过传统观念，借由文化、习俗、教育流传下去，至今仍在无形中深刻影响我们。"

猫头鹰补充说："你们分享得很好，也很深刻。乌龟深度思考所学信息、知识，就可以有深刻的领悟，看见别人看不到的真相。很明显，这种深刻领悟，就和表浅的感觉、认知差别很大。更让我们深刻知道，用逻辑思考来检视、梳理传统观念和现代思维的重要性。”

黑狗深思后说：“我还想到了一句流传甚广的名言‘行万里路胜过读万卷书’。这句话似乎也是从农业时代传承至今，现在仍然被许多人所相信。相对于现今，农业时代交通很不方便，行万里路非常困难，生活范围非常小，更没有计算机网络等设备，知识与见闻都相当有限，所以用行万里路来提升见闻、增加知识。现今，行万里路很容易，很多人都去过不少地方旅游，但我们行万里路多数是以休闲游乐为主要目的，不再单纯只是为了增加见闻与知识，因为见闻、知识都可以轻松快速从网上获取。也就是说，现今和以前时代相比，行万里路的主要目的已经大不相同了。而且，如果不善于逻辑思考，即使行万里路增加了见识，或者读万卷书成为博学强记，都无法培养出AI时代所需的思考力和创新力，而我们将要迈进的时代正是AI时代。所以，若只将‘行万里路、读万卷书’当成学习的标准，就是违反‘学习知识要善于思考’的常理，因而不符合常理他洽。我们的感知经验也知道，生活中不少人虽然拥有高学历或者博学强记，可以在学校教书、做研究，却无法将见闻、知识在生活中活用，例如许多教授或专业讲师学了许多道理和知识，却依然过不好生活。相对地，香港李嘉诚、台湾王永庆都只有小学毕业，不但经营企业非常非常成功，也很有人生智慧，原因就在于他们善于思考。所以，读万卷书和善于思考是有相当距离的，因此，这句话也不符合感知他洽，当然也不符合充足理由。”

猫头鹰轻轻点头，欣然说道：“黑狗，你举的这个实例很贴切，解释得也很好。用逻辑思考来梳理传统观念、现代思维，其实就是孟子所说的‘尽信书，不如无书’的实际运用。好，我们再来练习逻辑判断这句流传挺广的名言——存在即合理。”

鹦鹉首先提出疑问，说：“前辈，这世界存在许多罪恶，难道这些不好的存在，也是合理的吗？所以这句话明显不符合常理他洽。”

黑狗接着说：“我再补充鹦鹉的话。即使有一些好的存在，例如善行，这些存在也不足以支持其结论，所以违反充足理由。”

乌龟思考后说：“前辈，我发觉好多道理、名言，都像这句话一样。”

猫头鹰微笑着说：“的确如此，因为很多道理、名言往往是归纳得出的，又只按片面现象来归纳，所以就会造成这种结果：违背常理他洽或感知他洽，也违背理由充足。”

黑狗有点激动地说：“我最近在用短视频训练我的逻辑判断，就发现‘毒鸡汤’实在太多了。之前看到一个美女网红，在视频里鼓吹说：‘女人负责貌美如花，男人负责赚钱养家。’按照她的道理，那如果她老去了，不再貌美如花了，难道她会允许她的伴侣抛弃她，而另找其他貌美如花的女人？所以这个说法很明显违背本体自洽、常理他洽、感知他洽和充足理由。”

鹦鹉笑着说：“我有个研究所毕业的闺蜜却觉得很有道理，还转发那个视频给我看。看来高学历和不善思考，这两者是可能并存的。”

猫头鹰接着说：“我们常会听到看似矛盾的人生格言，两边听起来似乎都各有道理，却彼此对立，例如，‘男儿膝下有黄金’vs‘大丈夫能屈能伸’、‘成大事者不拘小节’vs‘细节决定成败’、‘万般皆下品，唯有读书高’vs‘百无一用是书生’、‘人不可貌相’vs‘相由心生’、‘姜是老的辣’vs‘青出于蓝而胜于蓝’等等。

“事实上，很多人常常只根据自己的经验、喜好或价值观做出主观的选择，就不可避免地以偏概全，也很可能误用。例如，很有厨艺兴趣和天分的人，如果盲从‘唯有读书高’而放弃了兴趣和天赋，很可能将来就只是一个大学毕业的普通上班族。相对而言，有位毕业于上海同济大学建筑系的女学霸，由于兴趣驱动，她转而在研究所攻读酒店管理专业。她从月薪几千元的餐厅学徒开始，经过五年的不懈努力和深入研究，她所具备的建筑系培养的设计能力和研究所的学习能力，使她在厨艺领域与传统厨师有着显著的不同。如今，她已经成为上海两家热门餐厅的主厨，按兴趣快乐工作，并取得了显著的成就。因此，即使我们可以通过逻辑判断，看出许多人生格言的不合逻辑之处，但关键在于如何运用这些名言，避免以偏概全或错用。

“要避免以偏概全，就必须用‘超维逻辑’来调和、贯通而使其不矛盾。例如，孟子主张的‘性善说’和荀子主张的‘性恶说’都有片面理由，但也都违反他洽和感知他洽，而且两者似乎又彼此矛盾。

“运用超维逻辑，我们就可以调和两者：我们人类天生有良心，所以是‘先天性善’，但受到后天环境的不好影响，良心逐渐麻痹，但并没有完全丧失。因此，先天的性善逐渐变成了‘后天的性恶’。这样，两者就得以调和、贯通，不仅符合逻辑，而且理由充足。”

鹦鹉赞叹地说：“前辈，这个争论了两千年的问题，许多学者也有各自的解释，在活用逻辑思考下，居然可以如此轻松地调和。”

猫头鹰笑着回答：“调和、贯通是最好的方式。如果一时还无法调和、贯通，至少要先理解这些名言的本质精义和适用范围、前提条件。许多只有片面理由的名言，只在它的适用范围内，或需满足其前提条件，才是有道理的。

“以‘人不可貌相’vs‘相由心生’为例，‘相由心生’虽然是真实的，但在运用时有前提条件，要具备‘能透过人的外表看出内心’的能力。缺乏这种能力的人，因为无法透过人的外表看出内心，自然会赞同‘人不可貌相’的说法。如同之前所交流的，我们人都会不同程度地包装自己，如果是重要的关系人，如男女朋友、创业伙伴等，就还需要搭配其他方法，而不只是从外在的言语、行为、习惯、爱好等来判断其内心。”

鹦鹉接着话题说：“前辈，我想到了这几年流行的一句话：‘会读书不如会投胎。’这句话的后半句‘不如会投胎’是一种无奈的玩笑话，但前半句‘会读书’，与刚刚黑狗提到的‘读万卷书’的道理相似。

“如果将这两句话‘会读书’‘读万卷书’，对照爱因斯坦所说的‘学习知识要善于思考’来思考，就会发现爱因斯坦的这句话是有‘充足理由’的，而‘会读书’‘读万卷书’只是有‘部分道理’。因为这两句话是有前提条件的，其前提条件就是‘学习知识要善于思考’，否则会读书可能只会考试或死读书，而不会消化、活用。”

猫头鹰聆听完鹦鹉的分享后，竖起大拇指，由衷地赞扬道：“小鹦鹉，你真不简单，用逻辑把几句名言解释得很好，而且还把两者之间的关联性说得很清楚。”

猫头鹰喝了口咖啡，接着说：“有不少企业老板都说：‘创业时，要快速试错。’这是什么意思呢？让我举个实例来说明。例如，有个创业者想到一个创业点子——胸罩自动贩卖机。他要如何快速试错呢？

“他可以用实践的方法来验证、试错，例如做个样机，或者在计划摆放自动贩卖机的地点直接摆地摊卖胸罩。后者是不是比前者的验证成本低得多？而且又快速？那么，还有没有成本更低，又更快速的验证、试错方式呢？

“有的，就是用逻辑、常理来验证。购买胸罩是件非常私密的事，需要私密的场所，这是人性的常理和生活的普遍经验，所以这个创业点子违反了常理他洽和感知他洽。

“科学可以用狭义逻辑、其他理论，低成本、快速地逻辑推导、理论验证，然后再做实验验证，而技术是较高成本的实践、经验验证，这就是科学能够超前并引领技术的原因。所以，重大事情都可以借由逻辑思考来预先进行低成本验证，像重要工作面试前的预先演练一样，就可以避免重大错误，并且提高成功率，更可以不必付出重大成本。

“下次开始，我们就要进入重要的逻辑情境——恋爱婚姻、职业发展、创业经营、解决问题，让我们用逻辑思考来避免重大错误，并且提高成功率。”

鹦鹉听了后，开心地说："前辈，这几个重要方面，我都需要您的引导，来帮助我解开许多迷津，让我能正确决策，不用付出重大代价。"

乌龟和黑狗听了，也连连点头。

第十一章

恋爱婚姻的逻辑思考

——你以为的“最终目标”很可能只是“阶段目标”

黑狗和鹦鹉吵架了。这一次，鹦鹉无法再保持沉默，因为她的内心里，有件事让她越来越不安。

在一起三年了，两人还是很甜蜜，但鹦鹉渴望更进一步，因为她一直梦想有一个自己的家，好脱离重男轻女的原生家庭。她不知道是否应该提起结婚的话题，因为她不想给黑狗压力，但最近不安的心情常常不受控制。

黑狗逐渐恢复了昔日的阳光，他仍然努力工作，为了将来而奋斗着。他深知鹦鹉期望两人能够建立一个共同家庭，也理解自己应该为两人的未来做准备，但职场的不愉快、买房的压力，以及未来的不确定性，让他还不敢给鹦鹉法律上的承诺。虽然他现在可以理性面对这一切而不再焦虑，但他总觉得自己还没有准备好进入婚姻，还需要更多的时间。

“黑狗，我们能不能谈一下我们的未来？”鹦鹉终于开口了，她的声音带着不安和渴望。

黑狗温柔地回应：“宝贝，你知道我很爱你，我也希望有个属于我们的家，但考虑到我现在的状况，工作、房子以及未来，我觉得还需要一些时间。”

鹦鹉的眼泪开始模糊了她的视线：“我明白，但我不知道还要等多久。我不想失去你，但我也不想起起落落地等下去。”

黑狗理解女友的不安和内心的矛盾，也清楚知道自己的责任，但高房价的现实让他感到无力。两人的情感一时陷入了僵局，都希望对方能够理解和体谅。房子、未来、爱情、压力等种种因素，交织在一起，成了他们之间的难题。

可喜的是，这次吵架虽然没有带来答案和共识，却让他们明白了一个重要的道理——他们必须坦诚地面对彼此，而不是将问题藏在心底，因为太多猜测，会让彼此的感情朝着不好的方向发展。

鹦鹉建议，两人一起去找猫头鹰前辈帮忙。基于对前辈的了解和信任，黑狗马上发个微信向猫头鹰前辈说明。

没多久，前辈就回复了令人安心又兴奋的好消息：“好的，没问题。”

这次发送消息给前辈，意味着两人迈出了一步，不再像以前一样孤军奋战，而是寻求外部的智慧和帮助。同时也是一个重要的信号，表明两人同心面对问题的挑战，而不是坐等被问题压垮，更没有选择逃避或粉饰太平。

交流的时间到了。等大家坐好后，猫头鹰喝了一口咖啡，轻松地直奔主题说："我们今天交流的主题，就是恋爱婚姻。你们以前有没有想过，恋爱婚姻的目的是什么？"

黑狗、鹦鹉和乌龟三人面面相觑，没想到前辈一开口就出了个大难题。

黑狗首先说："这个问题真没想过，从小到大，也没有前辈讲过这个问题。我们常说'人生伴侣、少年夫妻老来伴'，所以我认为恋爱婚姻的目的是两人互相陪伴。"

鹦鹉接着说："这个问题好大。我和黑狗在一起很开心，所以我觉得恋爱婚姻的目的是开心。"

乌龟沉思后说："前辈，这个问题的答案应该是因人而异吧？每个人的目的不大相同才对，因为每个人的性格和价值观不同。我刚才还问了ChatGPT，它的答案也是说因人而异。"

猫头鹰听完三人的答案后，微笑着开口说："我先讲个故事。有两位大学同学，一个住北京，另一个住广州，两人相约在上海见面。住北京的，去上海要南下，住广州的，去上海要北上。两个人为什么都不会走错道路？因为他们都清楚'最终目的地'。

“如果北京的同学，把南下路程中的济南错当成他的‘最终目的地’，广州的同学，如果把北上路程中的长沙错当成‘最终目的地’，那么结果将天差地别。这个实例告诉我们，‘最终目标’对于结果和过程都至关重要，因为它会引导我们方向和道路。如果我们清楚做一件事的‘最终目标’，就能避免走错方向，迷失道路。”

乌龟若有所悟地说道：“前辈，我似乎理解您的意思了。就好像有人说，上高中的目标是为了读大学，读大学的目标是为了找工作，工作的目标是为了赚钱。但这些目标，都只是整个过程中的‘阶段目标’，它们并不是‘最终目标’，也就不是‘真正目标’。事实上，它们只是实现最终目标的‘手段’，就像到达济南或长沙，只是为了实现前往最终目的地（上海）的阶段目标、手段，并不是真正的目的地。是这样吗？”

黑狗接着说：“表哥说得很有理，这样想的话，我发觉我自己常会把阶段目标当成‘最终目标’，因为我没有想清楚‘最终目标’。”

猫头鹰欣慰地微笑说：“是的，你们分享得很好。对于重大事情，要想清楚‘最终目标’的最主要原因，就是‘最终目标’是我们行动的方向和道路的指引，因为它是我们做事情的‘真正’目标，也引导我们去思考：要实现最终目标的关键要素有哪些？

“如果恋爱的目标是结婚，那么结婚的目标是为了传宗接代吗？那小孩抚养长大了，是不是就失去目标而茫然了？

“如果我们只看着每个阶段的目标，就会很容易迷失方向，因为在不断追求‘眼前目标’的过程中，常常忽略了‘整个过程’为什么要这样做。如同四百米接力赛一样，每一棒都是为了‘最终目标’——胜利，但每个阶段也都有它的阶段目标。第一棒是最短距离，目标要加速最快；第二棒是最长距离，目标是要保持速度和耐力；第三棒是弯道，需要高超的弯道技巧；第四棒可看作冲刺直道，需要顶尖的实力和坚强的心理素质。

“就像例子中的那两位大学同学，一开始就清楚自己的最终目的地是上海，所以就不会走错，也不会疑惑。重大的事情，需要想清楚整个过程的‘最终目标’，同时每个阶段的目标都要与最终目标相配合、相一致。不能只看眼前的阶段目标而忽略了最终目标，这样就能避免各个阶段目标的方向不一致。”

说到这里，猫头鹰停下来喝了口咖啡，才又继续说：“形式上，婚姻就像一场陪伴，或一段快乐生活的旅程，所以婚姻关系的形式，和宠物、朋友、家人很相似，所以有些人会暂时用其他关系代替婚姻关系。

“如果用超维逻辑来思考，就可以深刻认知婚姻的本质。婚姻的本质，是两个人身心灵和命运的长久结合，是一种最亲密的独特关系。例如，某些宗教的结婚誓言体现了婚姻的深刻含义——‘无论面对何种境遇，我都承诺永远爱您、尊重您，对您保持忠诚，直至永恒。’因此，婚姻的最终目标就是‘两人长久幸福’。”

鹦鹉接着说：“前辈，经您这样解释，我才看清婚姻的本质和独特性，也就知道为什么婚姻如果不幸福，对两个人会有那么大的影响。因为一开始那么甜蜜、美好的感情，却因为各种原因而逐渐变得冷淡，甚至彼此仇恨，这就好像从天堂掉进地狱一样，太可怕了。”

黑狗接着说：“是的，原来婚礼、陪伴等等，都不过是婚姻的种种形式而已，婚姻的本质是身心灵和命运共同体，难怪俗话说‘丈夫或妻子是另一半’，还说‘夫妻本是同林鸟’。如果两人不能长久幸福，命运共同体就很难持续下去，很可能就变成是‘大难来时各自飞’了。前辈，您这样解释实在太深刻了，用这种思维，就能解释婚姻的各种现象和目标。如果还是只考虑自己，那就表示‘心态’还没准备好进入婚姻，也就很难实现两人长久幸福。”

听了大家各种分享后，猫头鹰很高兴地说：“我们现在已经清楚婚姻的‘最终目标’了。接下来，我们就可以在它的引导下思考实现这个目标的‘关键要素’有哪些。请看图31。图31就是运用超维逻辑来思考恋爱婚姻。首先从‘最终目标’——两人长久幸福，开始思考，再进一步思考实现最终目标所需要的关键要素，分成了两大部分：一是两人相爱，二是彼此合适。

超维逻辑思考恋爱婚姻						
本质1因		本质2～4因				外在表象／结果
1. 核心、最终目的	两人长久幸福	时期	恋爱期	初婚期	命运结合期	外貌 身材 年龄 收入 资产 仪式感 约会 陪伴 生活 婚礼 ……
		2. 关键要素	① 两人相爱（感觉……） ② 彼此合适（条件、三观、性格、性爱……）			
		3. 有效方法	① 需要找到各阶段的关键事情（克服反向动力）的有效方法 ② 如恋爱阶段：看人（知人知心）的有效方法			
		4. 正反动力	① 正向动力：爱情、性爱和谐、相处舒适、心灵的共鸣…… ① 反向动力：摩擦、争吵、个人的问题、外在诱惑……			
底层逻辑						

图31 运用超维逻辑思考恋爱婚姻

“为什么真心相爱不足以实现最终目标，还必须彼此合适呢？原因在于，如果目标仅仅是寻求短时间的快乐、激情，彼此合适可能就不是一个关键要素。但是，如果最终目标是要实现两人的长久幸福，那么‘彼此合适’就变得非常关键。

“这是因为绝大多数的情侣一开始拥有的都是美好的爱情，而且常常很甜蜜。然而，为什么绝大多数人的美好爱情最终都会逐渐消逝呢？如果两人在一些重要方面不合适，即使一开始甜蜜恩爱，他们的关系也会被频繁的冲突和持续的争吵所侵蚀，甚至逐渐消耗殆尽。最终，他们可能会主动或被动地选择分手，各自寻找下一位伴侣。相对地，如果相爱的两人还‘彼此合适’，相处起来会自在、愉悦、舒服，这会进入一种正向循环，不断地增进、延续两人之间的甜美爱情，就自然会想进入结婚的关系（命运共同体），而不是在社会或父母压力下被迫结婚。”

猫头鹰微笑着继续说：“相对于上一代的人，现在的我们对婚姻关系的要求更多，也比较不愿意勉强或委屈自己，所以‘合适’就变得更为关键。在婚姻关系中，如果夫妻不合适，会逐渐成为有名无实、不幸福的夫妻，甚至最后成为怨偶一对。

“所以我们才会看到，有些年长夫妻在孩子长大后就不愿再忍耐了，或者实在无法忍受下去，最终选择了‘晚年离婚’。根据统计，美国有三分之一的离婚人群超过50岁，而日本七成的晚年离婚是由妻子提出的。”

鹦鹉恍然大悟地说道：“前辈，您真是一针见血。我和黑狗在一起，都感到非常舒服和快乐，已经交往三年了，但爱情之火仍然熊熊燃烧，甚至感觉更加深刻。我本来以为是因为我们很有缘分，现在经您这么一说，我才清晰地认识到，我们之间的感情，相遇是缘分，更关键且珍贵的是彼此合适。”

黑狗紧接着补充：“没错，和鹦鹉在一起时，我一直觉得轻松又自在，两人自然地互相吸引、欣赏，不用刻意去讨好对方，也没有要求对方照自己的意思来改变。我们的沟通非常顺畅，而且对许多事情的看法也十分相近，即使不同也都能尊重和包容。

“坦白地说，我之前交往过的女生，相处时常常让我感到很累，不但要猜对方的感觉、想法，还要捧在手心里呵护，而她们也都能从我身上找出各种不喜欢的地方。现在我明白了，之所以‘相爱容易相处难’，就是因为彼此不合适，而大家常说‘在对的时间遇见对的人’，所谓‘对的人’，就是真心相爱又彼此合适的人。不过，两人相处时，不要把小问题放大成大问题，因为没有人是完美无缺的。”

猫头鹰微笑着说：“你们分享得很好，正如俗话所说：‘合适的，才是最好的。’在图31中，已经将‘彼此合适’所包含的各种关键要素都清晰地呈现出来了，需要强调的是，这些合适的关键要素，不是一定要全部满足才能实现长久的幸福，而是要思考这些关键要素，对于实现两人最终目标的影响。

“就像学校考试会考好几科，每科成绩难免有高有低，要上好学校并不需要追求每科分数都非常高；感情也一样，只要两人觉得合适就好。朋友、家人的意见可以参考，但自己是否幸福、两人是否合适，其中的冷暖，应该自己最清楚。感情和生活的好坏，最终都是自己要承受的。”

三人听完猫头鹰这段话以后，纷纷点头表示认同。猫头鹰微笑着说："黑狗、鹦鹉，我们现在回到你们身上。我刚才所分享的恋爱婚姻的思维，你们不妨想想看：怎么运用在你们身上？那些思维可以化解你们之前沟通时的僵局吗？"

鹦鹉稍稍想了一下就说："前辈，您让我深刻领悟了恋爱婚姻的最终目标，以及它们的本质和全貌。我现在明白了，之前的不安感主要是受到传统社会观念的影响，过于看重婚礼的形式以及买房的安全感，以为那些是最重要的，以为有了那些我就会幸福。现在我明白了，我和黑狗之间的真心相爱和彼此合适，才是实现最终目标的最关键要素。也就是说，我们已经拥有了长久幸福的坚实基础，因为我们在一起的确都感到很幸福。

"至于婚礼和拥有自己的房子，这些'相对次要'的东西，我相信只要我们一同努力，将来都会实现。就算将来没有买自己的房子，租房也没关系，因为已经拥有的，就足够实现我和黑狗的长久幸福了。在情感幸福的关键要素上，原来我们是富足的，而不是贫乏的。"

这个深思熟虑的回答，显示出鹦鹉对于她和黑狗的感情，有了本质而全新的认知，因此她对两人的感情，有了更多的满足和安全感，也对未来有更坚定的信心。她醒悟了，不再被偏差的社会观念所误导，而是将眼光放在了两人之间已经拥有的真心相爱和彼此合适上。

猫头鹰很高兴地看着鹦鹉和黑狗，一边鼓掌，一边说："你们真是令人羡慕的一对。合适的两个人能够相遇、相爱，本就是一种奇妙的缘分，你们不但相遇了，三年后还有这么甜美的爱情，而且越来越美好，真是太棒了。

“让我再进一步解释一下鹦鹉提到的不安全感。通常一般人的不安全感，很大一部分来自未知或错误认知。所以，我只是引导你们两位，深刻认识婚姻的最终目标和关键要素，让你们从未知和错误认知状态，变成看清你们情感的本质、真相和未来。当未知或错误认知这些因素被消除之后，不安的情绪自然就大幅减退，这就是‘理智导情’所带来的甜美果实，而且这种果实还能更丰盛。”

乌龟随即发问：“前辈，这种方法，对每个人都会有这么大的效果吗？”

猫头鹰微笑着响应：“我可以保证，这种方法，并不是对每个人都能像对鹦鹉一样产生如此显著的效果。人和人之间虽有共通性，同时在心灵和经历上也有很大的差异，所以要因人引导、因材施教。有些人，因为先天和后天因素的影响，内心可能更倾向于物质欲望，或者深陷社会观念的捆绑，因此单靠心智层面的引导，可能难以马上就取得很大改善。另外，还有一个重要前提——鹦鹉和黑狗对我有相当程度的了解和信任。”

猫头鹰微笑着继续说：“在生活中，特别是婚姻这件大事上，我年轻时和许多人一样，所用的思考方式是‘列出择偶标准’，不论是用条列式或结构式。2022年，某视频博主曾经公开‘中国人的理想配偶条件’的调查结果。21~40岁男性注重的五大条件为‘感情专一、脾气好、长相好、温柔体贴、尊重对方生活方式’。至于21~40岁女性注重的五大条件，则是‘感情专一、可靠有责任感、脾气好、尊重对方生活方式、工作稳定’。

“我将同一思考情境——恋爱婚姻的不同思考方法，放在一起对照，如图32所示。

恋爱婚姻 同一思考情境，不同思考方法

最终目标：两人长久幸福（四维逻辑）	列出择偶标准（二维逻辑）
一、本质四因 1. 本质1因：最终目标 2. 本质2因：关键要素 3. 本质3因：有效方法 4. 本质4因：正反动力 二、外在形式 外貌、身材、学历经历、仪式感……	一、条列式 感情专一、可靠有责任感、脾气好、长相好、温柔体贴、尊重对方生活方式…… 二、结构式 1. 条件：收入、学历经历…… 2. 外在：身高、长相…… 3. 内在：专一、脾气好、体贴……

图32　恋爱婚姻的不同思考方法

“通过不同的思考方法，我们可以更全面地理解和评估择偶标准，确保最终目标是实现两人的长久幸福。

“这两种不同的思考方式有什么差异？会产生什么不同的结果？二维逻辑的表面思维，没有‘最终目标’的引导，就容易产生以下严重误区，很可能就无法实现最终目标。首先，很容易没有考虑到‘充足’的关键要素，而只想到‘部分’的关键要素，换言之，就是只有片面理由而没有充足理由。其次，容易把轻重、主次搞混，因为受价值观、喜好的影响，有些人更看重眼见的外在条件，如外貌、身材、仪式感等，却不知其他要素对于实现最终目标更重要。最后，容易受传统观念的影响，误以为感情、婚姻可以靠经营、磨合就能幸福，殊不知感情的经营与习惯的磨合，都是要在‘两人相爱又彼此合适’的

前提下，才会有好效果。”

黑狗提出建议：“前辈，下次我们能不能谈一下职业发展的问题？我想以我自己的情况为例来分享一下我的想法，请大家一起交流，特别是需要前辈的引导。”

猫头鹰高兴地回应：“当然可以，职业发展是人生中非常重要的部分，很需要用逻辑思维好好思考和规划。”

鹦鹉兴奋地加入：“我也很期待讨论职业发展，因为我也挺困惑的。”

在回家的车上，鹦鹉开心地对黑狗说：“宝贝，这一次的争吵，反而成为我们成长的契机呢。”

黑狗紧紧握着鹦鹉的手，说：“以后如果我们再遇到重大事情的争执时，我们还要像这次一样，不仅要一起面对和相互理解，还要用逻辑思考来解决问题。”

鹦鹉献上深情的吻来回应。

经过这次事件后，黑狗和鹦鹉感到更加亲密和坚定，因为他们学到了如何以更理智的方式来看待感情，而且在争执中仍然感受到对方的爱。

第十二章
职业发展的逻辑思考
——培养“高价值能力”，实现“60 岁财务自由”

某个晴朗的下午，黑狗又一次思考着：“我是否应该换工作了？”黑狗产生这种念头至少也有五六次了。大学毕业后的这五年，黑狗一直在同一家公司工作；从新手到熟练，在工作中学到不少，也因为表现杰出，逐步晋升为营销部副经理。可惜的是，除了公司内部有各种状况，黑狗也觉得，目前他在公司的职位和学习都已停滞不前，老板也缺乏企图心，这几年都没有规划新项目，所以公司一直没有成长。如果再继续这样下去，黑狗认为他将无法实现“60岁财务自由”的理想。

在跳槽这个问题上，黑狗已经和表哥进行过深入的讨论。虽然表哥非常支持黑狗寻找新的发展机会，但黑狗还是很想听听猫头鹰前辈的建议，帮助他做出明智的决策。

所以，这一天黑狗先举起手说："前辈，我想先谈一下我在职场的现状和计划，希望能得到您的建议。"

看到黑狗有些迫不及待，猫头鹰似乎并不意外："好，你先分享一下。待会儿，我也期待能听听鹦鹉和乌龟的意见。"

黑狗立刻讲述工作中的种种挑战，尤其是部门主管对他的打压，不满之情溢于言表。另外，他也说出了自己对职业生涯的规划，希望能够实现自己的理想，并且和鹦鹉一起过上理想的生活。

黑狗说完后，鹦鹉温柔地看着黑狗，鼓励地说："我支持你的决定，我们一起努力。"

鹦鹉的温柔支持，仿佛是一缕温暖的阳光，让黑狗感到鼓舞，让他更有力量前行。

乌龟则以他一贯的成熟态度发表看法："职业规划和发展，其实也是一条道路。起点是认识自己，终点是最终目标，而且最终目标是和起点高度相关的，这样思考就会比较清楚职业发展应该如何规划、努力了。我也经历了许多次尝试和不断的调整，目标才逐渐变得清晰，也越来越有把握。当然，尝试和调整都需要一定的勇气，因为不管是事业或人生，都有些我们无法掌握的部分。例如，我就比较幸运，每次跳槽都很顺利，所以今天才有点小成就。"

安静听完大家的分享后，猫头鹰才缓缓开口："事业是我们人生很重要的部分，因为它是多数人获取收入的主要经济来源，所以很多人的困惑、压力和焦虑，主要都是来自事业。例如，有人希望通过多元化的职业选择（如兼职、副业等）来增加收入，更努力赚钱却效果有限；有人觉得生活太辛苦，想着不如‘躺平’但又不甘心；有人则是在陪伴家人与加班赚钱之间摇摆不定。这些都是职场真实的一面，但如果只是这样看待，那又是以偏概全、盲人摸象了。

“多数人在选择职业或者转换工作时，常常会有很大的不安全感与压力，主要是因为不知道要考虑哪些要素，不知道如何选择职业，将来会有什么样的结果。当然也就没有任何把握。之前，鹦鹉对爱情的本质和发展有强烈的困惑，自然就会产生‘以后不知会怎么样’的不安全感；而黑狗现在对事业有不知如何选择、行动的困惑，当然也就会出现‘现在应该怎么办’的焦虑感。”

黑狗听了点点头：“是的，前辈，认识您之前我就是这样的，后来您引导我先救急、治标，大幅降低了我的焦虑，但您说问题还要治本。”

猫头鹰微笑地说：“是的，如果仅仅思考‘要不要换工作’或‘要换什么工作’这类问题，那都只是治标，因为解决的只是‘眼前的问题’。相对地，深入思考整个事业的过程和全貌，才是治本。因此，我们要先交流几个基本的事业观。

“首先，事业虽然是人生中很重要的部分，但不是人生的全部，所以还要把其他两个重要部分——生活和家庭——放在一起考虑，因为三者是深度关联、互相影响的。也就是说，思考职业规划时，要同时‘动态平衡’生活和家庭，这是第一个基本观念。”

猫头鹰继续说：“其次，我们常说‘爱拼才会赢’，这是农业时代的观念，其实并不适合现在的科技时代，而且这句话不符合逻辑，因为努力作为成功的理由还不够充足。收入低的本质原因，常常不是不够努力，而是缺乏‘高价值能力’。明智的努力，才能创造高价值，才会赢。这是第二个基本观念。

“就像刚才乌龟所说的，职业、人生规划的起点，是深刻认识自我，因为自我是我们最大的宝藏。我们的身、心、灵拥有天生的巨大潜能，需要我们去开发和利用，从而培养出‘高价值能力’，这将对我们事业和人生产生重大影响。这是第三个基本观念。”

猫头鹰说到这里，暂时停了下来。

鹦鹉好奇地进一步提问：“我知道我们人有很大潜能，但以前没有深入去思考。前辈，您可以再深入说明身、心、灵有哪些巨大潜能可以开发吗？”

猫头鹰很高兴地说：“鹦鹉，你的这个问题很好。你们先看图33。

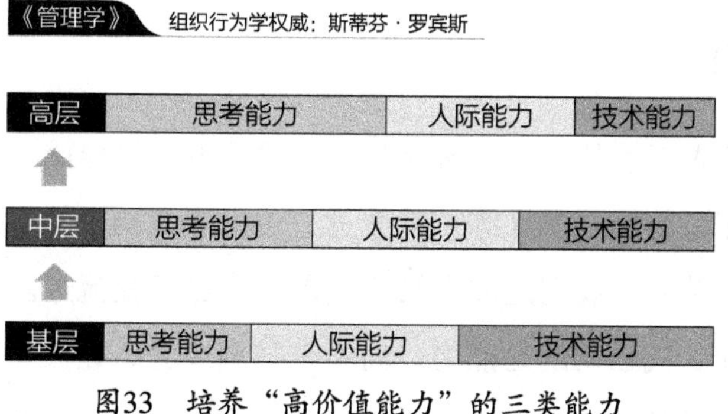

图33　培养“高价值能力”的三类能力

“图33是美国著名的组织行为学权威斯蒂芬·罗宾斯教授，在其《管理学》一书里的一张重要的图。他经过研究后，认为在企业管理中，技术能力对于基层管理者最重要，人际能力对于所有层级的管理者都很重要，思考能力对于高层管理者最重要。这三类能力，是斯蒂芬·罗宾斯教授从管理学的角度所做的研究和结论。请再参考图34。

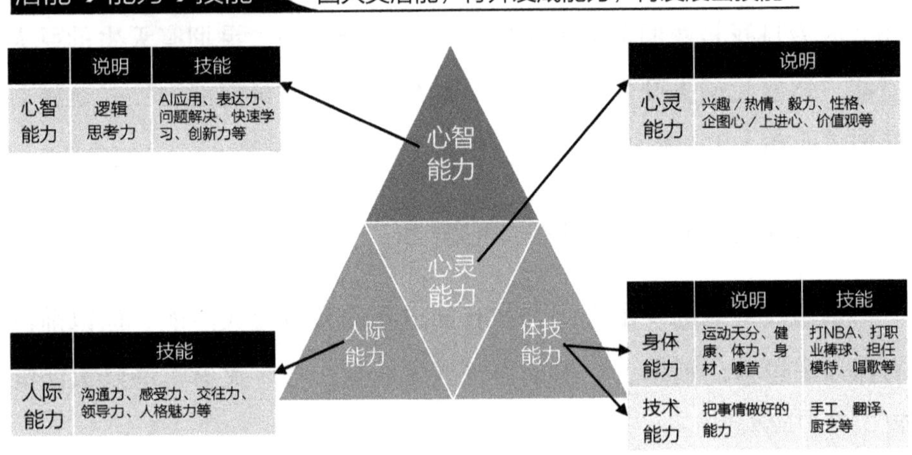

图34 培养“高价值能力”的阶段

“如果我们再深入对照每个人天生就有的身、心、灵，就会发现人的潜能、能力、技能可以分成四大类：体技能力、人际能力、心智能力和心灵能力。

“每个人天生的不同‘潜能’，需要开发、培养成‘能力’，能力再加上相应的知识和训练，就会进一步发展成相应的‘技能’。技能和能力的关系，我们之前在第五次聚会中已经交流过。你们注意到了吗？为什么我强调的是能力，而不是强调文凭、经验、知识呢？你们想想，同样是大学文凭，同样是软件工程师，同样是业务员，但个人能力不同，收入往往相差很多。同样，即使在同一家公司，基层员工和高级主管不就正是因为能力有别，所以收入差异也很大。”

猫头鹰继续说：“我们多数人，事业上的最终目标都是‘60岁财务自由’。财务自由不只是理想，也是每个人都需要面对的现实，更是需要明智努力才能实现的具体目标。但只有努力、文凭或知识，都不足以使人财务自由，更要有‘高价值能力’，才能使人财务自由，而以上这四类潜能，都能够培养出‘高价值能力’。

“例如职业球员，在身体能力方面很有天分，所以创造出高价值和高收入。同样地，有些手工艺人就很有技术能力，可以制作出很高价格的大马士革刀或改装车。

“马斯克是一位非常特别的人物，他拥有多种天分和能力。即便成为首富后，他依然在自己的事业上拼命工作，这正是因为他心灵能力中的兴趣升华为热爱，以及价值观衍生出的使命感。遗憾的是，很多人只在文凭、知识、工作上努力，却没有努力培养出‘高价值能力’，因此会有‘努力却效果有限’的感慨和困惑。”

黑狗听完后，立刻有感而发：“古人说‘行行出状元’，在各行各业中，如果逐渐培养出杰出的能力，也就可以实现财务自由。要培养出杰出的能力，往往要发掘兴趣、天分，然后努力练习、深入钻研，‘高价值能力’就会逐渐产生，也就会逐渐崭露头角。”

猫头鹰很高兴地点头说：“黑狗，你的领悟很到位。假设在事业上的最终目标是60岁财务自由，那就是说，希望在60岁以前累积200万~2000万元的净资产（每人目标不同）。我们再来看图35。

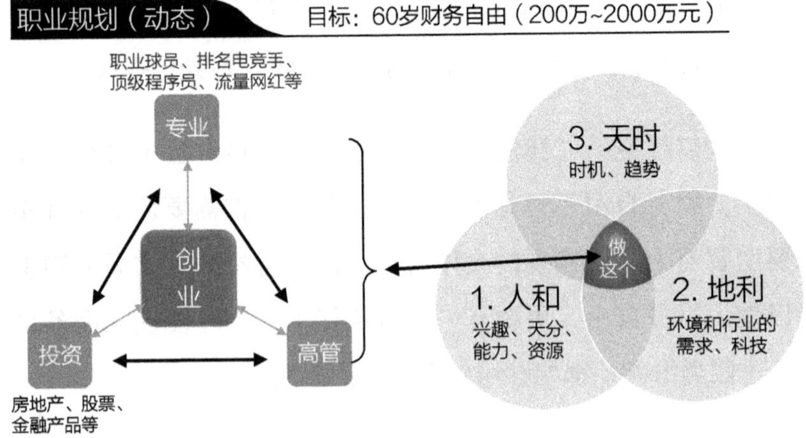

图35 职业规划

“这张图的左侧清晰地展示了实现最终目标的四种途径：专业、高管、创业和投资。图的右侧则展示了实现最终目标所需的动态掌握的‘关键要素’，从‘人和’开始，同时也要兼顾‘地利’与‘天时’。”

猫头鹰继续说：“左侧的图与右侧的图并列放置，它们之间通过一个双向箭头相连，这表明我们可以从左侧的图开始思考，然后转向右侧的图；或者先从右侧的图出发，进而对照左侧的图进一步思考。请先对这些内容进行思考和消化，稍后我们将讨论它们的具体应用。”

鹦鹉看了几眼，就高兴地说：“前辈，这张图就像一张全景图，让我有很清楚的整体感，不但避免漏掉一些关键要素，也清楚之间的关联性，还知道具体如何运用。”

猫头鹰笑着说：“再看图36。

“这张图，就是用‘超维逻辑’来思考事业规划。以‘发掘自我’为第一因、多数人想要的‘60岁财务自由’为最终目标，这样就形成了职业发展40年左右的过程。

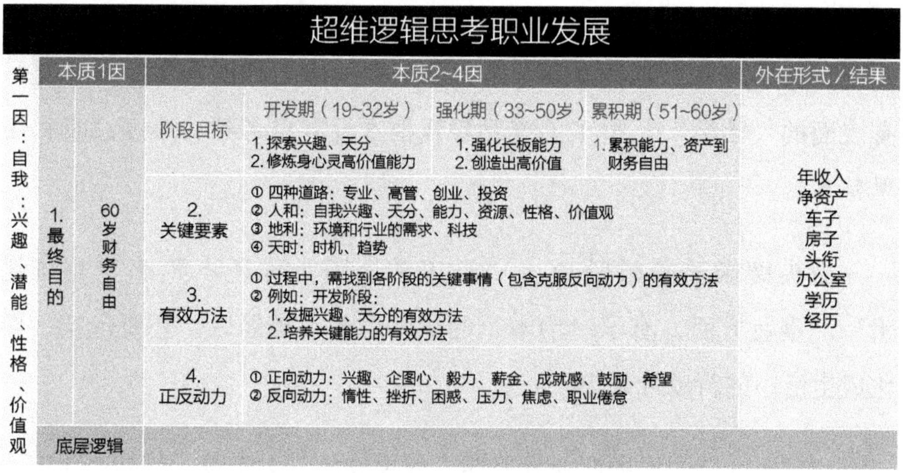

超维逻辑思考职业发展							
	本质1因		本质2~4因				外在形式／结果
第一因：自我：兴趣、潜能、性格、价值观	1. 最终目的	60岁财务自由	阶段目标	开发期（19~32岁）	强化期（33~50岁）	累积期（51~60岁）	年收入 净资产 车子 房子 头衔 办公室 学历 经历
				1. 探索兴趣、天分 2. 修炼身心灵高价值能力	1. 强化长板能力 2. 创造出高价值	1. 累积能力、资产到财务自由	
			2. 关键要素	① 四种道路：专业、高管、创业、投资 ② 人和：自我兴趣、天分、能力、资源、性格、价值观 ③ 地利：环境和行业的需求、科技 ④ 天时：时机、趋势			
			3. 有效方法	① 过程中，需找到各阶段的关键事情（包含克服反向动力）的有效方法 ② 例如：开发阶段： 1. 发掘兴趣、天分的有效方法 2. 培养关键能力的有效方法			
			4. 正反动力	① 正向动力：兴趣、企图心、毅力、薪金、成就感、鼓励、希望 ② 反向动力：惰性、挫折、困惑、压力、焦虑、职业倦怠			
	底层逻辑						

图36　运用超维逻辑思考职业发展

“要实现‘财务自由’的最终目标，有四条道路（专业、高管、创业、投资）可以选择，道路虽然不同，但都需要相应的‘高价值能力’；至于要选择走哪条道路，就要同时考虑人和、地利和天时这三类关键要素，从发掘自我的兴趣、特质（人和）开始，同时考虑外在环境和行业（地利），以及时机和趋势（天时），从而开发、培养出‘高价值能力’，以及符合市场需求趋势的相关‘技能’。”

猫头鹰接着说：“一个人的职业发展过程长达40年左右，所以至少可分成三大阶段：开发期（兴趣、特质）、强化期（能力、技能）、累积期（价值、资源）。在这数十年的发展过程中，四条道路也可以视情况转换，或者在有足够能力的前提下兼顾不同道路。

“然后，还要思考落实事业规划、发展的‘有效方法’，以及前进过程中会遇见的‘正、反动力’，就能尽量提早做好准备，也不会因为反向动力而半途而废。”

黑狗听完后，感慨地说：“前辈，听完您说的这些内容，我才认知到，我原来所思考的计划，都只是想要解决短期的问题，也就是只有表面的‘治标’，很多关键要素我根本没有思考到，难怪总觉得哪里有不足。”

猫头鹰微笑着鼓励说：“很正常，因为你还不熟练‘超维逻辑’。事业方面，有了‘治本’的深度思考、规划后，还要落实、转化成生活中的行动计划。

“整个40年左右的职业发展期，如果分成三大阶段，就会产生三个阶段目标。不同阶段就像在跑接力赛一样，都是为了‘最终目标’在努力，但每个阶段也有侧重的目标，而且要和‘最终目标’衔接、配合。一般来说，第一阶段最关键，其次是第二阶段。你们再看图37。

事业规划的行动计划

事业阶段目标	19~32岁： 1. 探索兴趣、天分 2. 修炼身心灵高价值能力	33~50岁： 1. 强化长板能力 2. 创造出高价值	51~60岁： 1. 累积能力、资产到财务自由

19~32岁行动计划	阶段目标：1. 探索兴趣、天分　2. 修炼身心灵高价值能力		
	周一至周五	周六	周日
工作	原有的学业或事业	生活、家庭+探索+修炼	生活、家庭+探索+修炼
其他时间	生活、家庭+探索+修炼	生活、家庭+探索+修炼	生活、家庭+探索+修炼
休息、睡眠时间、运动			

图37　事业规划的行动计划

“不同阶段的目标，是从最终目标的‘60岁财务自由’，往前倒推到33~50岁的阶段目标：强化长板能力，创造出高价值；再往前倒推到19~32岁的阶段目标：探索兴趣、天分，修炼身心灵高价值能力。

“根据事业的最终目标和阶段目标，同时平衡生活和家庭，在原有的生活中，再安排‘探索、修炼’的具体计划，持续去做。每隔3~6个月查验效果、深入总结一次，然后再适当调整。”

鹦鹉笑着说：“前辈，按照您的建议去做其实并不难，而且有这样深入又完整的思考和规划，心里就不困惑，做起来就很踏实，也更有信心和希望了。”

乌龟接着说：“前辈，我发觉，您很看重在正确方向、正确方法下持续地前进。”

猫头鹰笑着说：“是的，每个人的成长都不是短时间的剧变，如果在正确方向和有效方法下，持续不断地5%、5%、5%地进步，就会得到‘成长的复利’，也会产生巨大力量、巨大价值。你们想想，光是我们自己的名字，都要一笔一画，持续地练习后才会写不是吗？即使有兴趣、天分的潜能，但想养成‘高价值能力’仍然必须持续练习、深入钻研。已去世的NBA巨星科比就曾说：‘洛杉矶早上四点，仍然在黑暗中，我就起床去练球，持续了十几年。’”

猫头鹰微笑着说：“刚刚所分享的是事业问题的治本方法，接下来，我想再补充一些有关身心灵潜能的内容。

“我们都知道，英文的body、mind、spirit，中文翻译成身、心、灵。‘心’是指心智，就是我们平常所说的头脑、思考、思想、理性、意识等，这些都属于这个范畴。而‘灵’是指心灵，包括兴趣、情感、欲望、性格、意志、潜意识、灵感等。身、心、灵虽然是我们人的三个部分，却是紧密相连、互相影响的。例如心灵焦虑时，身体可能会掉头发、长痘痘，甚至会影响到内分泌，长期下来还可能会提高罹患癌症的概率。心智上的深刻领悟，也会对心灵有相当程度的影响。

“心智能力主要体现在逻辑思考力上，会衍生出创新力、高效学习力等。职场上大家常说的表达力、执行力、解决问题能力等，实际上都是逻辑思考力在情境下的展现形式。甚至刚才提到的技术能力、人际能力，也需要逻辑思考力的支持。

“因此，我们可以发现逻辑思考力是职场能力的核心，对于想要晋升为高级主管，或想要将来创业的人而言，更是如此。而且，知识和经验都需要透过心智能力的消化和活用，才能创造出高价值，才不会成为生搬硬套的老生常谈。马斯克说：‘在网络上，你可以成为许多领域的专家。’而其前提条件是要善于逻辑思考。”

猫头鹰继续说：“心灵能力，从其内涵、种类以及我们在日常生活中的经验来看，可以发现它是人类最大的潜能之一。如果能够恰当地修炼和发挥，它所能产生的力量极为强大。相反，如果运用不当，它也可能成为我们事业和生活中的重大负担。

“你们可能听过这句让人深思的话：‘学会许多道理，却依然过不好这一生。’许多人所知的人生道理之所以知易行难，就是因为被自己的心灵问题所拖累，如懒惰、冲动、嫉妒、负能量等。这也呼应了王阳明所说的：‘去山中贼易，去心中贼难。’”

猫头鹰喝了口咖啡后，才又接着往下说：“可喜的是，心灵的潜能中，有一个相当丰富，而且相对容易开发、掌握的宝藏，那就是‘兴趣’。兴趣不只是让我们在过程中不会感到乏味，更能升华成热情，激发我们持续探索、深入钻研，即便遇到困难，也能让我们坚持不懈。所以，孔子说：‘知之者不如好之者，好之者不如乐之者。’因为喜好会引导我们持续钻研、练习而不觉得苦，还能从中得到幸福感。

“所以，从发掘兴趣、开发天赋入手，更容易培养出‘高价值能力’，因为要拥有高价值能力，往往需要‘不断练习，深入钻研’。作家马尔科姆·格拉德威尔在其《异类》一书中提出‘一万小时理论’，他认为做一件事，只要经过一万小时的锤炼，就能从普通人变为某一领域的顶级人才。

“东京有位很有名的年轻调酒师，不但调的酒好喝、动作很帅，还能让小小的吧台有‘拉斯维加斯奇幻秀’的惊艳效果，魅力十足，所以吸引很多人慕名前往看秀、喝调酒，而且客人为了看不同的调酒秀，常常一人点好几种调酒。一万小时（不是硬性指标），如果每天练习、钻研三小时，大概是十年的时间，如果没有兴趣，很可能不到500小时就放弃了，毕竟我们一般人都没有超凡的毅力。如果有兴趣，过程的幸福感和最终成就，都会大大不同，俗话说‘行行出状元’，而兴趣可以使我们成为‘财务自由’的状元，用兴趣的翅膀飞翔，可以飞得又高又远。

“奇妙的是，兴趣常常与我们的天分密切相关，因此非常值得花时间和精力去发掘。欧美的思维习惯和社会环境，都鼓励孩子在安全的环境下，通过各种方式去探索、尝试，甚至去冒险，因此许多人都早早就发掘出自己的兴趣和天赋。

“相比之下，中华文化的思维和社会环境偏重社会稳定和个人安全，比较忽视个人兴趣的开发和发展，甚至还常有人说‘兴趣又不能当饭吃’，压抑了个人潜能的探索和兴趣的发掘。因此我们常看到，欧美的孩子往往都能够自信地说出自己未来想要做什么（很可能以后会变化），而我们的小朋友，却在灌输知识、应付考试的教育环境下逐渐迷惘，甚至迷惘到大学毕业以后。

“可喜的是，随着时代的进步，现在的年轻人越来越认识到发掘兴趣的重大价值，只是这种理解还不够深刻，或者仍然深受传统思维‘万般皆下品，唯有读书高’的影响，即便进入了AI时代，他们还是更偏重于考试和文凭。”

鹦鹉惊喜地说：“前辈，以前总听人说‘要发现自己的兴趣和天分’，但直到今天我才知道，原来兴趣和天分有这么大的力量和可能性。您说得很真实，很多人更注重文凭、知识和技能，不够重视兴趣、天分、能力。其实，我们从那些兴趣各异、天分不同的成功人士身上，就可以看到四类不同潜能都能取得巨大的成功。所以，发现自己的兴趣和潜能，再进行适当的修炼，对于事业的发展，甚至人生的幸福，都是极为重要的。”

黑狗兴奋地说：“前辈，我深刻领悟‘授人以鱼不如授人以渔’这句话了。您把方法讲得清清楚楚，让我们能够按照方法去尝试、调整，比直接告诉我们答案，对我们的帮助大得多。我回去会找时间，按照您的建议做一个具体的计划，然后再请您给我指点。”

鹦鹉立刻表示兴趣："带上我，我也要做我的人生、事业规划。"

乌龟笑着说："因为文化和教育体制的原因，很多人30多岁了都还不太确定自己适合干什么，我以前也是这样。庆幸的是，现在有很多探索自我的付费或免费工具，只要有心就都能找到，但也不要太过迷信心理测验，还要思考、对照自己生活中的各种情况。"

猫头鹰接着说："修炼不同'技能'的书籍和课程有很多，也各有不同的效果。培养逻辑思考能力也有很多书籍、课程，但大多数都没有融会贯通，只是教导某种思考模型，所以效果就很有限。

"另外，心灵能力该怎么训练呢？这是一个有趣又深奥的主题。就以'毅力'这种心灵能力为例来说，'毅力'很难直接透过修炼心灵来提升，但身心灵是互相联通的，所以通过持续锻炼身体（需要毅力），就能提升心灵上的毅力。"

乌龟这时说："前辈，有个好朋友找我一起创业，我们下次能不能讨论一下'创业'的主题？如果能得到您的指导，对我和我的朋友会是很大的帮助。"

猫头鹰欣然笑道："当然可以。创业是条充满机遇和挑战的路，有很多因素需要考虑，包括市场分析、商业模式、团队组建等。我们下次就来深入讨论。"

鹦鹉听到创业，也兴奋起来，充满好奇地说："表哥，我好期待听你下周的分享！说不定，我将来会跟随你的脚步，也成为一名创业者！"

乌龟听完鹦鹉的话，笑着说："那很好，说不定我们将来还可以合作，也许能一起开创出一项令人惊叹又赚大钱的项目。"

鹦鹉开心地拍手笑着说："太好了，我们以后一起赚大钱。"

第十三章
创业经营的逻辑思考
——哪种人适合离开职场，勇敢创业

乌龟坐在宽敞明亮的办公室内，透过落地窗，可以一览上海中心大厦的夜景，还能看到窗外一片车水马龙的繁华，但他皱着眉头。这是因为乌龟正在考虑一个对他来说非常重大的决定。这个家人称之为“疯狂”的想法——想离开目前驾轻就熟的高薪职位，和多年的朋友一起去创业——已经滋生很久了。这个想法一直在他的脑海中打转，但只要考虑到现实的种种，每次都让他忐忑不安。

担任高管多年，他拥有的不仅是一份稳定的工作与熟悉的生活节奏，还是一个家庭需要的依靠。乌龟非常清楚创业的风险和种种艰辛——必须长时间工作而无法经常陪伴家人，可能要面对孩子的不理解。

除了朋友们不断的积极鼓励，他自己也清楚这次创业可能实现的梦想。每当讨论创业计划时，他就能感到内心的澎湃，但一想到对家庭的责任，又让他犹豫不决。他反复自问，是否值得冒险？是否准备好离开舒适区，踏上未知的道路？

乌龟知道这个决定并不容易，需要更多的时间来思考。但他也知道，一旦决定创业，未来很长一段时间的生活必然大受影响。窗外依旧车水马龙，他的内心也依旧迷茫。

乌龟知道，他需要理性思考，充分考虑所有的重大因素，并找到自己内心的动力和底气，才能做出正确的选择。于是，他把这些重大疑惑一起带到猫头鹰前辈面前。

乌龟满怀信心地为大家逐页讲解PPT，清晰地解说他和朋友精心筹划的创业项目；资料中充满了客观的市场分析和团队优势，显得非常专业。投影幕上的图表和数据，在他的言辞中生动呈现，让大家对这个项目有了清晰的认识。

安静听完乌龟的项目介绍后，猫头鹰慢慢地说："乌龟，你的解说很专业，就像IPO的路演一样。不过，你已经决定好要辞职创业了吗？或者你还不确定是否要辞去高位去创业？"

乌龟犹豫地说："前辈，说实话，我还没办法下决心，要考虑的重要因素很多，而且有些很难把握，尤其是项目的成功率。"

猫头鹰说："我理解，这很正常。你们先看图38。就像这张图一样，大多数的创业者，都是先在职场工作了几年后才走上创业之路的。我们都知道，创业者不仅直接面对成功或失败，而且创业的各种投入、所产生的压力，以及最终的成就，都会比在职场上工作大很多倍。我们之前分享过，人生要经历各种不同的情境，创业情境则比较独特，很像电影《夺宝奇兵》的冒险寻宝。”

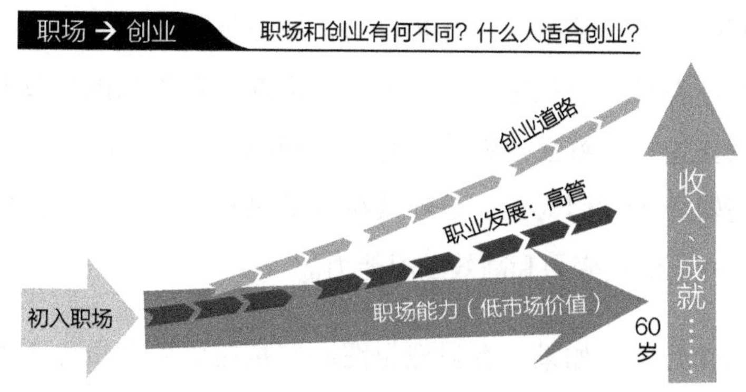

图38　职场和创业的差别

“印第安纳·琼斯对寻宝充满热情，也拥有专业能力和丰富经验。他先发现了某个寻宝目标后，再去筹集资金、资源，组织团队，开始冒险之旅。一路上往往风餐露宿，可用资源又有限，靠着团队的智慧和能力解决许多问题。在寻宝冒险的路上，不仅有美丽的风景，还会看到一些受伤断腿的寻宝者，如果最终得到宝藏，往往价值非凡——这就是创业。

“所以，你们有没有想过：什么人适合创业？什么人‘还’不适合创业？”

鹦鹉首先说：“我觉得，想创业的人一般都是想多赚一些钱，甚至是想赚大钱的人；不适合创业的人，就是做事被动、负能量，或者保守的人。”

乌龟接着说：“鹦鹉说得很有道理。我觉得，想要获得更大成就感的人比较适合创业，而不适合创业的人，除了鹦鹉说的，我觉得抗压力弱的人也不适合创业。”

猫头鹰说：“适合创业的人，首先要有强烈的企图心，不论这企图心的原因是想改善生活、财务自由，还是想要更有成就感，等等。其次，心灵力量中的抗压力强，也是必需的；至于积极、毅力、正能量……只要企图心够强烈就不会有太大问题。另外，心智能力上则需要善于逻辑思考，因为创业是连续决策的过程，也需要逻辑思考力的副产品——灵活应变力和高效学习能力。

“也就是说，如果拥有强烈企图心、抗压力和逻辑思考力，就很适合创业。我以前找创业合伙人，除了人品和价值观，主要就是看这三点。如果是技术合伙人，就还要加上专业的技术能力。”

猫头鹰继续说：“有些人厌倦职场的重复工作、委屈辛苦、人际关系复杂……但如果因为这样就想创业，那就是对创业有很大的认知偏差，错把创业当成职业发展不顺的解方，误以为创业是摆脱职场困境的出路，幻想创业比职场容易。

“相反地，应该把职场当作‘练兵场’，在职场工作时就要有创业的心态和思维，就应该把自己当作公司或产品来经营。在环境的各种限制下，也要想方设法整合资源来创造优势、独特价值，并且持续突破和成长。有这种心态和行动，就能培养出高价值能力，即使将来不创业，也能在职场中实现自己的最终目标。”

鹦鹉听完后，笑着说：“前辈，您说的这些特点，好巧我都有呢。更巧的是，又在和您学习逻辑思考，看来创业是我的宿命了。”

猫头鹰笑着说："鹦鹉，我可以感受到你心里对创业的火热，你又很好学，相信你会成为了不起的创业家。

"创业最宝贵的关键资源不是资金，而是企图心。创业者的企图心、热情，本质上就是一种强烈的欲望，是推动创业的首要引擎。走上创业道路的人，如果企图心不足，很难应对过程中的各种挑战和连续挫折，也难以体验到突破的喜悦和成长的满足，很可能会半途而废。就像印第安纳·琼斯，他本来可以在大学里轻松、舒服地教书，但因对考古和探险充满热情，让他毫不犹豫地选择了一条充满挑战的探险之路。

"热情还会激发我们'主动'学习，促使我们不断提升所需要的能力和技能，就像科比·布莱恩特每天早上四点就起床，拼命地练习球技，而且持续了十几年。这股内在的热情是非常大的动力，它让我们积极投入时间和精力，克服困难，也推动我们超越自己，去追求更高的成就。"

猫头鹰继续说："此外，若能有一位令人仰慕的创业楷模，如马斯克或乔布斯，他们便如同灯塔，为我们带来希望的光芒。除了这些遥不可及的榜样，拥有身边的典范同样重要，比如创业导师。我们能够与他们接触和交流，从他们那里学习到具体的知识和智慧，同时避免犯错。在硅谷，许多缺乏经验的年轻人之所以能够成功创业，优秀的创业导师是其中的关键因素。"

鹦鹉抓住机会说："前辈，我大学时就对创业有兴趣，却一直不知道为什么。谢谢您的建议，我会先去接触一些创业者，要是有什么疑问和领悟，到时候再来和您交流。"

猫头鹰点点头："好的，我等你以后的分享。中年人创业，往往还背负着巨大的家庭责任，所以要考虑的关键因素就更多了，在决定创业之前，不妨多想一想可能遇到的各种挑战和风险。如果想象过这些情境之后并没有打消创业念头，依然充满渴望，那么内在激情很可能是旺盛的。"

猫头鹰停下来喝了口咖啡，才又接着说："创业需要企图心和抗压力，但如果只有这两样就创业，却可能犹如瞎眼狂奔，很容易成为阵亡的先烈。所以，创业的第二类关键资源是本钱，主要包含资金、能力和重生的三种本钱。"

乌龟听了后，迫不及待地问："前辈，您的意思是……"

猫头鹰看了一眼乌龟，笑着说："别急，慢慢听我说清楚。所谓'兵马未动，粮草先行'，创业需要资金，可以来自自己，也可以来自创业伙伴或各种投资人。这是最基础的思维，我想大家都有，就不再赘述了。

"第二种关键本钱，就是能力的本钱，而且要和创业项目匹配。如果能力够强的话，很可能就有人愿意投资，或可以加入成为创业公司的联合创始人、有股权的高管。能力的本钱，主要包含心智能力、心灵能力、健康能力，以及行业的专业能力。

"关于四维世界的逻辑思考力，它是核心的心智能力，使我们能够深刻洞察事物和问题的本质，发现他人未能察觉的机会与风险。此外，逻辑思考力的副产品包括创新力、应变力以及高效学习的能力，这些能力均能显著提升创业的效率与成功率。"

猫头鹰接着说："心灵能力中的抗压力是必需的，而坚韧的毅力和长期保持乐观，也都是巨大的心灵能力。创业往往要长期高压地工作，因此保持身体健康的能力至关重要。逻辑思考力、心灵能力、健康能力这三样，都是创业时不同行业的通用能力。当然，还有特定行业所需的专业能力，例如，开餐厅就要拥有制作美食的专业技能。

"此外，能力可进一步划分为团队能力和阶段性能力。无人能够全能，因此创业团队应在能力上实现互补。创业能力可以根据企业的不同生命周期阶段进行区分，包括'0至1的孕育期''1至10的生存期''10至100的成长期'等几个主要阶段，每个阶段所需的关键技能各有差异。因此，逻辑思考力所衍生出的高效学习力显得尤为关键，这使得个人能够迅速掌握关键技能，并有效运用重要的知识和信息。"

猫头鹰再次停下来喝了口咖啡，接着说："最终，是'重生'的本钱。具备这个本钱，即便创业遭遇失败，仍能维持生活，不至于陷入绝境，甚至走向极端。创业固然伴随风险，但并非赌博，因此不宜一次性投入全部资源。

"创业和职业发展一样，是人生很重要的一部分，但不是全部，还要同时把家庭这个重要部分放在一起整体考虑。如果还有重大的家庭责任，而且很难承受创业失败的结果，就必须更加谨慎、平衡。相反地，如果比较年轻，或者是低资金的创业，家庭方面也无太多后顾之忧，而且对创业很有企图心，或许可以更大胆地追逐创业的梦想。即便这次失败了，也能从中获得宝贵经验，更能提升能力，距离成功就更近了。"

黑狗好奇地询问："前辈，许多人说人脉、关系很重要，但您似乎没有将人脉、关系列为关键要素之一。"

猫头鹰微笑着回答："对于一般的商业项目来说，生意的本质是'创造出独特或优势的价值'，在这种情况下，人脉就不是关键因素了；然而，在某些特定行业或项目中，人脉、关系确实是至关重要的资源，所以我没有将其列入关键资源，因为人脉关系属于行业资源、行业能力的范围。"

乌龟沉静地说："前辈，听您说完这些有关创业的重要思维，我现在比较清楚应该怎么做了，但我还要好好消化您说的内容，并且对照我的情况，再做最后的决定。"

猫头鹰微笑着对乌龟说："你这个决定非常明智。人生的重要抉择，别人无法代替自己做决策，我只能提供一些关键思维和方法供你们参考。"

鹦鹉随即接着说："前辈，您今天分享的内容，不仅纠正了我之前对创业的误解，还让我对创业更加感兴趣了。"

猫头鹰笑着鼓励鹦鹉道："很好。一种情况是，如果自己评估后，发现已经拥有创业者的基本条件了，而且已经有了创业点子或相关技术，就要着手思考并评估创业项目的商业计划。现在已经有很好的现成工具可以用，例如，新创、创投公司在用的商业计划书或者商业模式画布等。

"另一种情况是，已经具备了创业的基本条件，但还不确定要做什么，这就需要思考'创业要做哪一行？如何找到一个适合的创业项目？’，这件事对创业来说非常重要。你们看一看图39。

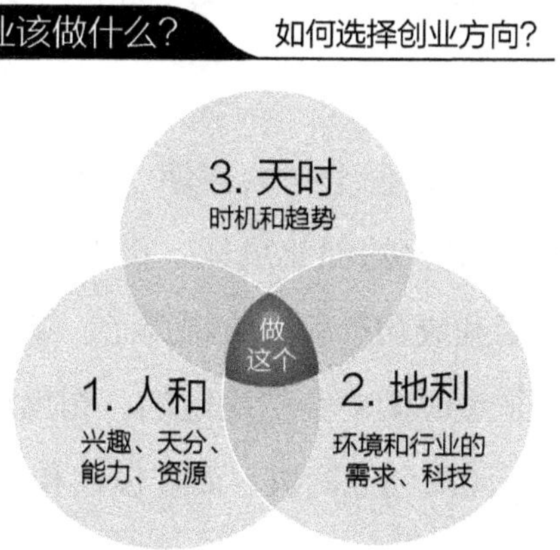

图39　创业的三大考虑点

“和职业发展一样，创业也应该同时考虑人和、地利和天时。可以从‘人和’先开始，也就是首先考虑创业者、团队的兴趣、能力、资源等。

“创业时，选择正确的行业、项目、品类非常关键，所以说‘选择重于努力’，俗话也说‘男怕入错行’，这就需要同时考虑地利和天时。

“地利结合天时，就是指有商机和未来的项目，也就是大家说的‘势’。要做乘势而上的‘鹰’，不要做风口上的‘猪’，因为风停了，猪会摔死，鹰还能继续飞。短期的‘势’称为风口，也有中长期的‘势’，还有行业周期的‘势’、国家大势、科技趋势等，而人性也是一种‘势’。就像小米的雷军所说的：‘看五年，想三年，做一年。’意思是评估5~10年的‘势’，规划3~5年的策略重点，认真做好1年的事。

“许多种‘势’中，‘用户需求的变化趋势’和‘相关科技的变化趋势’是最重要的。如果发现用户的需求还未被满足，而你作为创业者又具备了创造独特或优势价值的产品的兴趣和能力，那就是一个极佳的切入点。

“总体来说，就是结合个人的兴趣、能力与市场的需求，看准时机，顺应趋势，做出明智的创业决策。借助这些势头进行创业，乘势而行，这样一来，创业成功率就大大提高了。这样的创业决策，通常不是一时冲动，也不是短时间内突然决定的。相反地，它往往需要反复思考、不断修正，逐渐厘清创业商机、商业模式和商品的具体方向。”

乌龟问：“前辈，‘超维逻辑’如何运用在创业思考和规划呢？”

猫头鹰说：“创业的思考与规划相较于职业更为复杂，原因在于其受到众多外部因素的显著影响，因此更需要具备本质观、全局观和长远观。我之前分享的建议，均是基于‘超维逻辑’对创业进行思考的一部分。综合来看，如图40所示。

超维逻辑思考创业				
本质1因		本质2~4因		外在表象／结果
1.核心、最终目的	创造优势或独特市场价值 ↓ IPO上市	阶段时期	0~1年：孕育期　1~10年：生存期　10~100年：成长期　第二曲线	公司名称 办公地点 商品名称 产品包装 店铺选址 店铺设计 Slogan ……
		2.关键要素	① 创业者的基本条件 ① 适合创业吗？ ② 准备三种本钱 ② 关键要事需做好： ① 人和：自我（或团队）兴趣、能力、资源、性格、价值观 ② 地利：环境和行业的需求、科技 ③ 天时：时机、趋势 ③ 重大错误不要犯 ④ 重大意外处理好	
		3.有效方法	① 过程中需找到各阶段的关键事情（包含胜过反向动力）的有效方法 ② 如，0~1 年孕育期：合适商机发掘、测试的方法	
		4.正反动力	① 正向动力：兴趣、企图心、抗压力、能力、毅力、阶段成就 ② 反向动力：挫折、疑惑、压力、焦虑、资源、科技巨变	
底层逻辑				

图40　运用超维逻辑思考创业

“用超维逻辑思考，是从做一件事的本质1因（目标因）开始的。创业的核心目标，是创造优势或独特的市场价值，但因为创办人的企图心不同，最终目标也就不同。有人的最终目标是改善生活，有的是奔向IPO（上市），而马斯克的最终目标，已经远超IPO和财务自由了。

“要实现创业目的、目标，就需要思考本质2因（关键要素），想清楚有哪些关键要素会‘重大又直接’影响目标的实现。以创业而言，就包含：一、创业者的基本条件；二、关键要事需做好：人和、地利、天时；三、重大错误不要犯，例如不要违反法律，因为法律是最低的准则；四、重大意外处理好，意外的翻船如果处理不好，有可能成为灭顶之灾。

“创业是一个漫长的过程，因此需要考虑时间维度，大致可以根据企业生命周期划分为0至1的孕育期、1至10的生存期、10至100的成长期，以及第二曲线阶段。各个阶段需要采取不同但适宜的方法来处理关键事务，从而逐步实现目标。这属于本质3因的有效方法。

“另外，不同阶段、不同团队也需要考虑不同的正、反动力。这是本质4因的正反动力。”

黑狗顿时明白过来，兴奋地说：“确实，通过这种方式，我们能够深入且全面地思考创业相关的目标、关键要素、方法和动力，实现了方向上的‘一致性’，并考虑了时间的变迁。这正是前辈所指的‘超维逻辑’，也与我们所处的四维世界相吻合。

“我长期从事市场营销工作，若选择创业，我会首先从市场角度出发，并直接应用商业模式画布、营销4P等理论模型。此前，我未曾意识到需要先行深入、全面地思考创业的本质四因：目标、关键要素、有效方法、正反动力及其相互联系。

“许多人与我相似，并未充分认识到创业需考虑的诸多关键因素。据调查，某地区的创业者中，高达90%的企业在一年内即告失败，而能够维持超过五年的仅占1%。许多人未能理解失败的根本原因，反而将责任归咎于外部环境、合作伙伴、命运等非自身因素，而未能深刻自省。”

猫头鹰微笑着说：“确实，正如我们之前讨论的婚姻一样，本质四因中的众多关键要素，许多人并未意识到需要综合考虑，因此能够维持长久幸福的婚姻实属罕见。”

鹦鹉带着笑意说道：“我曾看过一篇文章，提到篮球运动最初是将一个有底的篮筐悬挂在空中，因此得名。每当球被投入，场外的工作人员必须架起梯子，爬上去将篮筐中的球取出，以便比赛继续。这种操作竟然持续了18年之久，直到有人想到移除篮筐的底部，让球自行落下，从而使比赛流程更加连贯，观赏性也随之提高。

“这样一项技术含量不高的改进，却历经18年才被提出，可见思维定式的顽固性。这也表明，创新并非我们想象得那般困难，关键在于思维的灵活性与深度，这样才能洞察到他人未能察觉的真相与机遇。前辈，我愈发深刻地体会到您所强调的逻辑思考的重要性了。”

猫头鹰微笑着说：“鹦鹉的这个例子非常恰当。无论是世界、科技、市场还是用户需求，都在持续变化之中，因此商机始终存在。关键在于我们是否具备发现商机的能力，以及是否能够创造相应的价值来满足用户的需求。”

乌龟接着说：“前辈，评估项目时，我们是否应该广泛听取同行的意见？询问上游供应商和下游用户的想法？甚至可以先通过最小可行性产品（Minimum Viable Product，MVP）进行小规模测试，避免闭门造车，防止盲目自信而忽视市场的严峻考验。不必担心他人窃取你的好主意（当然，适当的保护是必要的），因为仅有好主意并不能确保成功，关键在于我们是否有能力高效地实现这些好主意，以满足用户的实际需求。”

猫头鹰接着说：“乌龟说得对，确实如此。在这个复杂的人工智能时代，无论是在职场还是创业，我们都需要明智地努力，才能创造出高价值，实现我们的理想。”

第十四章

解决问题的逻辑思考

——如何“标本兼治”地解决问题

上周二，黑狗被公司派去参加一个外部培训课程，主题是“如何高效解决问题”；老板要求黑狗，学会了这项技能后，再教其他同事。课程中，授课老师说：“解决问题的四个重要步骤：首先，要深入理解并明确问题；其次，必须拆解问题并精准定位；再次，提出切实可行的解决方案；最后，对整个问题进行总结。

“在这四个步骤中，最关键的步骤是第二步，即拆解问题并精准定位。”授课老师强调，“如果要成功地解决问题，至少需要用75%的精力来仔细分析和准确定位问题。至于探索可能的解决方案，剩下的25%的精力就已经足够了。原因很简单：一旦问题被细致分解并清晰界定，你就会惊讶地发现，解决方案实际上是显而易见的，每个人都有能力去实现。也就是说，当你想清楚一个问题时，问题基本上已经解决一大半了。”

黑狗上完课程后，多次消化授课老师的教材、举例和自己的笔记。虽然他认为这个课程很有道理，但当他尝试用课程中的方法去解决公司最近的问题——销售业绩较上年度下降了20%——时，却发现并不像课程所说的那样：“解决方案实际上是显而易见的，每个人都有能力去实现。”

这次的培训，黑狗认为课程内容听起来颇有道理，但在实际应用中却遇到了问题。由于不清楚问题所在，他决定在将培训材料用于同事之前，先征询猫头鹰的意见。

听完黑狗的疑问后，猫头鹰缓缓说道：“这就是我们生活中经常遇到的一个非常重要的思考情境：解决问题时，如何既治标又治本？

“面对问题，首先要保持积极的心态——勇敢、诚实地面对问题；同时，不应自视为问题的受害者，而应成为‘问题的解决者’。在许多人看来，问题是避之不及的麻烦，但在许多专业人士眼中，问题则是商机，或是提升自身能力的机会。比如医生、心理咨询师、麦肯锡等咨询公司等，都是善于利用这样的机会来获得丰厚回报的。当然，前提是要培养出善于解决问题的能力。

“还有一个有趣的现象是，许多人在帮助他人解决问题时表现得非常自信，说起来头头是道，但面对自己的问题时却束手无策，即便是企业高层、大学教授也常常如此。这是因为在处理自己的问题时，会受到强烈情绪或各种利益的影响，容易用非理性的价值观进行思考，从而陷入迷局。而在处理他人的问题时，由于自己是旁观者，往往能保持客观和理性。因此，要成为‘问题的解决者’，就必须运用理性和客观的逻辑思考。”

猫头鹰啜了一口咖啡，然后缓缓地开口说：“我们先来观察一下日常生活中，在帮助他人解决问题时，有些人所提出的建议。比如，小王对经理说：‘这个项目很难按时完成。’经理的回应是：‘再努力一些，加加班，不就可以了吗？’或者像Tony对朋友说：‘我最近心情不太好。’朋友却对他说：‘不要想太多，就不会心情不好。加油，你可以的。’

“面对他人的问题，有些人就像这两个例子中的经理或朋友，直接给出这种治标不治本的方法，听起来似乎有道理，但实际上毫无帮助。”

黑狗听了，深有同感地说：“是的，我们的经理也经常这样讲，缺乏同理心，甚至不是真心想帮忙。”

猫头鹰继续说：“我们再思考一下，在解决自己的问题时，有些人会采取哪些方法？阿彪对目前的薪水不满意，于是想换个工作，或者找兼职增加收入。Rose和男友的感情出现了严重问题，正在考虑分手，但她相信下一个男友会更好。老李创业屡次失败，听朋友说有个很厉害的大师，就想找那位大师帮自己改运。”

乌龟笑着说：“前辈，您说的老李，和我的一位朋友好像。”

鹦鹉也笑着说：“Rose的情况也和我的一位闺蜜一模一样。”

猫头鹰微笑说："我年轻时也是这样处理问题的，而且还以为这样就可以解决问题了，结果往往是问题反复出现，甚至变得越来越严重。这是因为，我年轻时也不知道如何从根本上解决问题，甚至不知道如何正确解决问题。请参考图41。

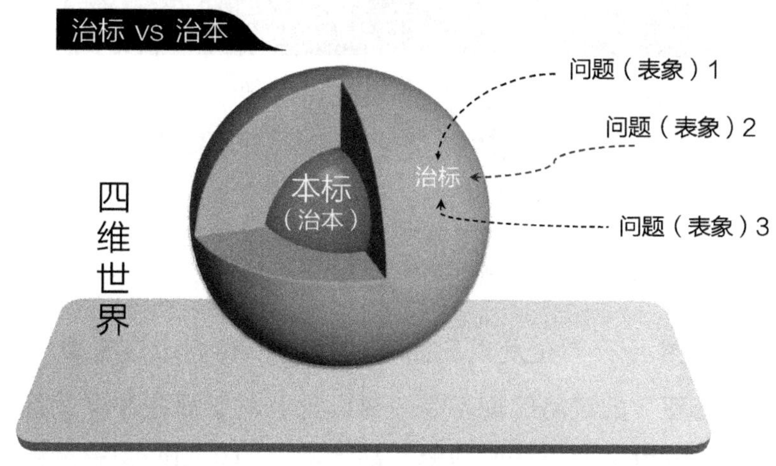

图41　治标vs治本

"在四维世界中，问题与物体类似，也是三维+一维的。我们所察觉到的问题，是否仅是问题的表象？因此它们能被我们发现和感知，类似于头痛或脚痛。所以，我们需要深入探究问题的根源，即问题的本质原因。比如，我们感到头痛或脚痛，但真正的原因需要通过深入检查和确认，才能找到合适的治疗方法。然而，之前提到的例子，都是基于问题表象的治标之策，如同仅仅贴上创可贴，或是仅对头痛医头、脚痛医脚。

"此外，在发现和面对问题时，也不能一概而论地采取相同措施。例如，偶尔的轻微腹痛，我们可能选择忍耐；若腹痛频繁出现，我们才会安排时间就医；但如果腹痛剧烈，我们会立即去医院急诊。同样是腹痛问题，不同的情况需要采取不同的处理方式。请参考图42。

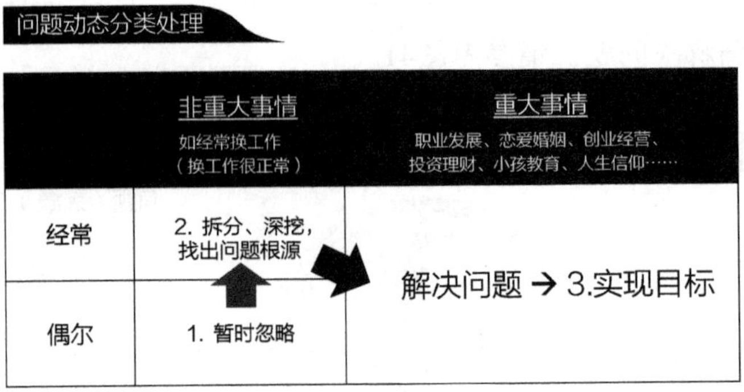

问题动态分类处理

	非重大事情 如经常换工作 （换工作很正常）	重大事情 职业发展、恋爱婚姻、创业经营、 投资理财、小孩教育、人生信仰……
经常	2. 拆分、深挖， 找出问题根源	解决问题 → 3.实现目标
偶尔	1. 暂时忽略	

图42　问题动态分类处理

“这张图展示了在发现和面对问题时，我们应该采取‘动态分类、分别处理’的策略，而不是一概而论。对于那些非重大且偶尔发生的问题，可以采取‘暂时忽略’的态度。如果问题频繁出现，就需要通过‘拆分、深挖’来找出问题的根源，以防止问题扩大，避免其演变成重大问题。而当问题涉及重大事项，如职业、情感、创业等方面时，我们应该将‘解决问题’的思维和方法转变为‘实现目标’的思维和方法来处理。”

猫头鹰继续说：“我们先来交流比较简单的处理问题的方式：拆分、深挖。请看图43。

“非重大事情如果频繁出现问题，很可能意味着背后存在更深层次的问题。例如，偶尔换工作是正常现象，但如果频繁换工作，就需要深入思考并找出问题的根本原因，正如俗话说的‘打破砂锅问到底’。正如图43所展示的，‘5Why分析法’是丰田汽车公司开发的一种方法，通过层层深入，找出问题的根源，即找出真正的病因以便对症下药。”

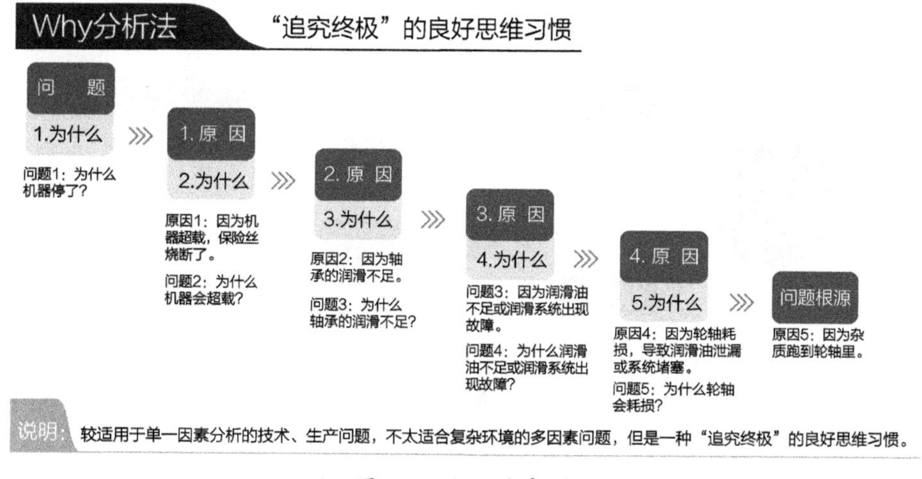

图43　5Why分析法

猫头鹰继续说：“如果每一层都涉及两个因素，那么四层就会有十六个因素，因此‘5Why分析法’更适合处理‘单一因素’分析的领域，比如技术、科研、生产。然而，生活中的许多问题通常是‘多因素’的问题，这使得单一因素深挖的5Why分析法显得有些不足。

“例如，如果新产品的销售没有达到预期目标，当我们深入思考第一层时，营销部门可能会归咎于销售部门的铺货率太低或货架位置不佳等因素，而销售部门则可能会指出是因为新产品的卖点不突出、价格过高或广告宣传不足等原因。请参考图44。

“这就是现实生活中常遇到的‘多因素’问题，必须运用‘拆分+深挖’的方法。‘拆分’的过程中，要遵循MECE原则：相互独立，完全穷尽。相互独立是指要素之间在同一标准、维度下不重叠；完全穷尽则是指没有遗漏。‘深挖’就是遵循刚才提到的5Why分析法。”

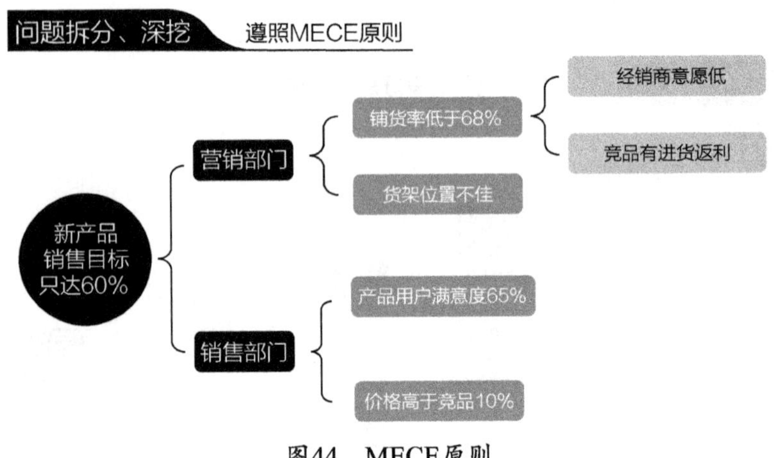

图44 MECE原则

猫头鹰继续说：“另外，黑狗一开始所说的那个培训课程的方法，是‘直接套用’别人的成功经验来解决自己的当前问题，所以只能运用在比较简单的问题、事情上，例如，招聘新员工、健身等。然而，自己和女友的感情问题，可以直接套用谁的经验？自己的职业发展问题，可以直接套用哪位专家的意见？黑狗公司的销售业绩下降了20%，又可以直接套用哪家公司的经验呢？

“‘直接套用’过去的成功经验要能奏效，有一个前提条件，就是过去和现在的对象及环境是不变的，但我们知道那几乎是不可能的。事实上，生活中重大、复杂的事情，‘直接套用’会有效的唯一情况，就是运气好、歪打正着。所以，不是‘直接套用’别人的成功经验，而是要明智地根据情况来调整、活用成功经验和相关知识。因此，经验和知识一样，可以是财富，也有可能是陷阱，就像北大经济学教授张维迎所说：‘知识有时候会让人变得愚蠢，当接受了某种理论后，就认为它是正确的，对其他东西就视而不见了，那么它就会误导你。’所以，关键在于爱因斯坦所说的‘要善于思考’，才能活用经验和知识来解决问题、创造高价值。”

黑狗听了以后，一拍大腿说：“前辈，我明白了。我参加外部培训所学到的方法，只适用于解决简单或者单一因素的问题。然而，生活中的重大问题，往往是‘多因素’交织的复杂、系统问题。所以，那个课程中的方法才不好用。

“在认识您之前，我一直感到焦虑，因为我不知道如何处理我自己复杂的系统问题。我甚至不知从何着手，因为牵涉到很多因素，就像一团乱麻一样纠缠在一起，找不到问题的根源。”猫头鹰微笑着说：“看来你有深刻的感悟了。在深入交流重大事情的问题之前，我们先来思考一下，什么是‘问题’？”

鹦鹉笑着说：“我觉得问题就是麻烦。”

黑狗接着说：“问题就是不知道该怎么办？”

猫头鹰微笑着说：“你们说的这种答案，是面对问题时的主观感受，不是问题本身。我们先来看图45。

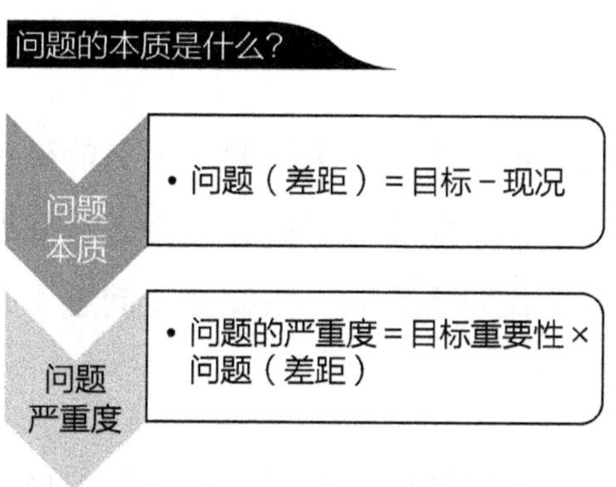

图45　问题的本质：与目标的差距

“问题的本质就是‘与目标的差距’。我们可以用这个简单的公式来表示：‘问题（差距）＝目标－现况’。就像生病的本质是与健康目标的差距，而生病的表象、症状有多种多样，让我们可以看到或感知。

“问题的严重度则是另一个重要属性，可以通过公式‘问题的严重度＝目标重要性×问题（差距）’来衡量，所以重大事情的问题，就要考虑到目标的重要性。我们人生中的重大目标，主要是在职场、情感、创业、投资、信仰等方面。”

鹦鹉很开心地说：“前辈，经您这样解释后，就很清楚地认识到问题的本质了，不再只有个人主观的差别感受。”

猫头鹰缓缓地说：“深入理解问题的本质含义以后，就会了解‘解决问题’只是手段，不是目的。不论在职场或生活中，我们做任何事的目的，都是为了‘实现目标’，对于重大事情更是如此。

“所以，巴菲特有双列表系统（Two-List System）：一张是‘要去做的清单（To do list）’，另一张是‘避免去做的清单（Avoid at all cost list）’。这两张列表的本质，就是实现目标的两大原则：关键要事需做好，重大错误不要犯。

“这两大原则，相对于‘解决问题’，更能确保目标的实现。如果只是解决问题，往往不能实现目标，因为各种问题实在太多了，就像有句话说：‘如果在厨房看到一只蟑螂（问题），那就意味着厨房里有更多的蟑螂（问题）。’

“因此，处理重大事情的问题时，就要把‘解决问题’的思维、方法，转变成‘实现目标’的思维和方法，这到底是什么意思？你们看一下图46。

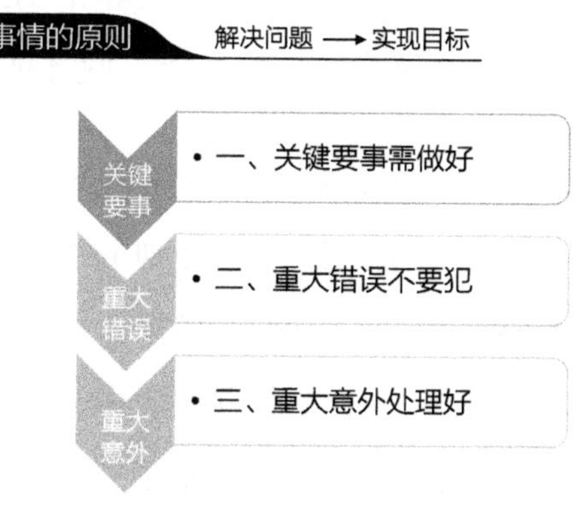

图46　处理重大事情的原则

“职业、创业、情感、投资等重大事情，如果要实现最终目标，一、关键要事需做好，二、重大错误不要犯，三、重大意外处理好。除了巴菲特所说的两张清单，还要把重大意外处理好，因为意外的翻船如果处理不好，可能成为灭顶之灾。这就是‘实现目标’的思维和方法。”

猫头鹰说到这里，停了下来，等着三人的分享。

乌龟高兴地说：“前辈，您真是‘一语惊醒梦中人’。原来我以前陷入‘解决问题’的误区，也反映在我的管理上，使得大家都在四处救火、解决问题，所以公司各部门都忙得不得了，还经常要加班，忙碌却效率不高，常常效果也不佳。”

黑狗也连连点头说：“是啊，我们公司也是这样。”

猫头鹰微笑着说：“我来分享一个实际例子。以前我在一家大上市公司担任营销部经理时，公司的业绩和利润都不错，但我发现公司的内部管理存在不少问题。所以，我主动提出了几个解决方案给老总，但每一个方案都石沉大海。当时我非常困惑，不知道原因何在，直到我自己创业后，再回头看这段经历，我才明白了本质原因。

“无论是公司或个人，重大事情都应该有‘实现目标’的中长期策略、计划和行动。在实施策略和计划的过程中，如果发现了重大事情的问题，就需要反思我们‘实现目标’的策略和计划，并且遵循上述的三个原则。意思是，注意力应该集中在三个原则上，而不是把注意力放在解决问题上；而且第三个原则——处理好重大意外——包含解决问题。

“运用在我们个人身上也是一样的，我们要培养出有高市场价值的长板能力（关键要事需做好），并且重大短板也要补上（重大错误不要犯），还要处理好重大意外。至于一些不太重要的不同短板、缺点，每个人都会有，而且对结果的影响也不大。”

鹦鹉开心地说：“前辈，我之前学过长板理论和短板理论，一直以为它们是矛盾的两套原则，要不就是用长板理论，要不就是用短板理论。但听了您的解释，我才明白原来两者是应该相互贯通、调和来运用的。”

乌龟接着说：“鹦鹉说得对。我发现很多理论、知识，表面上看似乎是对立的，但前辈总是能够巧妙地调和、贯通，这样就能够灵活地运用了。这正是逻辑思考力的力量和价值。”

猫头鹰微笑着说：“关于‘关键要事需做好’，我举个例子。一位曾在麦肯锡工作的人，跳槽到谷歌的广告部门担任业务经理，负责提升广告业务的收入。他上任的第一天，就问了下属这个问题：‘我们这个部门的业务公式是什么？’结果下属都搞不清楚，心想：‘我们这个部门好像没有什么公式吧。’后来，这位新主管，通过与整个部门的沟通，最终确定了部门的业务公式：广告收入=展现量×点击率×每个点击的价格。有了这个业务公式，该部门的人员就非常清楚‘关键要事’是什么了。”

黑狗兴奋地说：“前辈，这样一来，部门所有成员就很清楚应该在哪些关键要事上努力了，不会努力却用错地方。就像您刚才用两个公式来表述问题，我们就很清楚问题的关键含义了。”

猫头鹰点点头：“没错。我们再回过头来看‘解决问题’的思维。你们之前发现问题时，是不是就急于思考‘该如何解决这个问题’？似乎只要解决了这个问题就好，如果之后再冒出新问题，再去解决新的问题。这就是一种‘解决问题’的思维方式，往往会见树不见林。在这种思维下，不论是个人还是企业，如果‘没发现’什么问题，也很容易以为可以一直岁月静好，却不知可能很多蟑螂（问题）隐藏起来没被发现，或是已经暗流汹涌，甚至是暴风雨前的宁静。例如，诺基亚原本在功能手机市场称霸全球多年，在‘自己原本的世界’里并没犯什么重大错误，但因为外在的世界、科技、市场变了，又因为在新世界的‘关键要事’没做好（新世界的游戏规则改变），在智能手机的崛起中被快速淘汰，就是一个很引以为戒的例子。

“同样地，很多父母认为只要小孩考上好大学，成绩也不错，而且没犯什么重大错误，将来在社会上就可以混得不错，却可能和诺基亚一样，也因为在社会（新世界）的关键要事没做好，最终事与愿违。这也是不少会考试、死读书的学霸，在社会中的表现不再突出的原因，因为新世界的游戏规则改变了。也就是说，三大原则的第一原则——关键要事需做好（动态），对于实现最终目标是最关键的，却也容易被忽略，导致一些关键要事未能得到妥善处理。如果没有用‘超维逻辑’先想清楚最终目标，就很容易漏掉一些关键要事。

“在面对重大事情时，目的是要‘实现目标’，就得运用‘超维逻辑’来思考，考虑事情的本质四因，以及时间的变动，然后制订具体的行动计划，并持续追踪和修正。只有这样，我们才可能最终实现重大目标。我们再以黑狗的职业发展问题为例来详细说明，你们看一下图47。

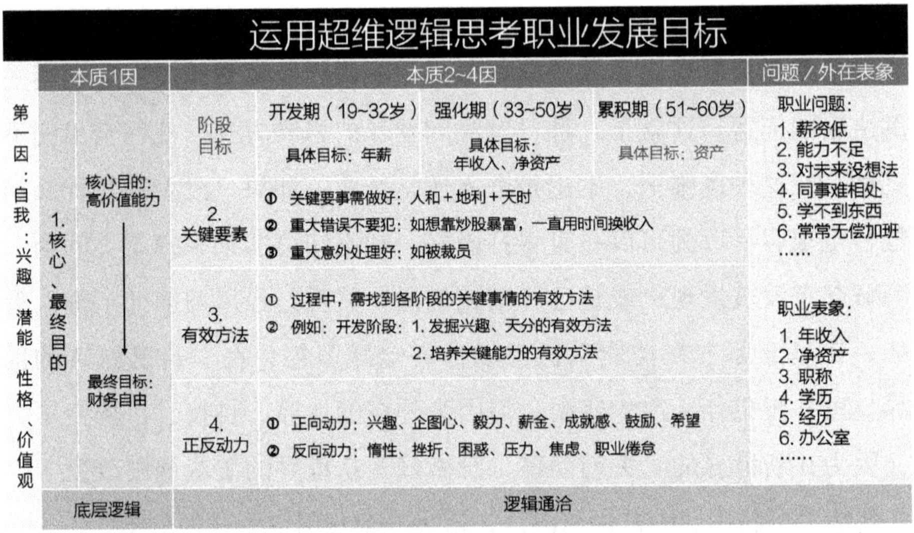

运用超维逻辑思考职业发展目标

	本质1因		本质2~4因				问题／外在表象
第一因：自我：兴趣、潜能、性格、价值观	1. 核心、最终目的	核心目的：高价值能力 ↓ 最终目标：财务自由	阶段目标	开发期（19~32岁） 具体目标：年薪	强化期（33~50岁） 具体目标：年收入、净资产	累积期（51~60岁） 具体目标：资产	职业问题： 1. 薪资低 2. 能力不足 3. 对未来没想法 4. 同事难相处 5. 学不到东西 6. 常常无偿加班 ……
			2. 关键要素	① 关键要事需做好：人和＋地利＋天时 ② 重大错误不要犯：如想靠炒股暴富，一直用时间换收入 ③ 重大意外处理好：如被裁员			
			3. 有效方法	① 过程中，需找到各阶段的关键事情的有效方法 ② 例如：开发阶段：1. 发掘兴趣、天分的有效方法 2. 培养关键能力的有效方法			职业表象： 1. 年收入 2. 净资产 3. 职称 4. 学历 5. 经历 6. 办公室 ……
			4. 正反动力	① 正向动力：兴趣、企图心、毅力、薪金、成就感、鼓励、希望 ② 反向动力：惰性、挫折、困惑、压力、焦虑、职业倦怠			
	底层逻辑		逻辑通洽				

图47　运用超维逻辑思考职业发展目标

“图47最右侧展示了职业问题与职业表象，黑狗正是因为不知如何解决这些问题，导致困惑转化为压力，进而升级为焦虑。解决问题仅仅是治标不治本的权宜之计，因此需要转变为‘实现目标’的思维和方法，这也是根治黑狗职业发展焦虑的根本途径。

“具体方法，就是‘先’思考本质1因（目的），而多数人职业发展的核心目标是要培养出‘高价值能力’，最终目标是‘60岁财务自由’。有了目的、目标以后，因为职业生涯长达40年，所以还应加上‘时间流变’的因素，再分成几大阶段，不同阶段有不同目标，请参考图中的三大阶段：开发期、强化期、积累期。各阶段最好再加上‘具体目标’，这样才容易评估和调整方法，例如‘到32岁时，年薪80万元’‘到50岁时年收入200万元，净资产500万元’‘到了60岁时，净资产5000万元’等。”

黑狗接着说：“前辈，我以前也想过32岁时要达到年薪100万元，60岁时希望能实现财务自由；但因为不懂得用‘超维逻辑’来思考，不懂得像您说的这样来规划，所以也只是有目标，却不知如何去实现。”

猫头鹰说：“黑狗，我非常能够体会你的彷徨，因为我年轻时也曾有同样的困惑。有了核心目标、最终目标和阶段目标后，再进一步深入思考，就会思考到本质2因的关键要素。有哪些‘关键要素’，会直接又重大影响到目标的实现，也就是刚才的三个原则。

“三原则中的第一原则‘关键要事需做好’，可以参考我们之前所交流的‘人和+地利+天时’。第二原则‘重大错误不要犯’，例如，不要一直用时间、劳力换取收入。

“清楚本质2因的‘关键要素’后，还要进一步思考本质3因的

‘有效方法’，因为各阶段的关键事情，都需要照着‘有效方法’去做才得以实现美好目标，就像这张图所表达的。

“除此之外，整个职业生涯的不同阶段，都会有正向动力和反向动力（阻力）。例如，不少人健身久了便逐渐意兴阑珊，最后半途熄火，就是因为我们人都有一种反向动力——惰性，所以就要有正向动力来胜过惰性，也就是必须‘正向动力大于反向动力’，才能够持续前进，逐渐达成美好目标。

“现实生活中，在面对重大问题时，很多人往往缺乏逻辑思考的有效方法，也就不知道如何处理，常常选择用忍耐的方式来面对，或者到处拜拜、找大师改运，内心希望会慢慢变好，却总是事与愿违。”

猫头鹰说完后，再拿起面前的咖啡，缓缓地喝了一口。黑狗听完猫头鹰的整段说明，再对照后面这三张图，仔细思考了以后，恍然大悟地说：“前辈，您这样深入地说明后，我才知道，在现实世界中，要实现重大事情的美好目标原来受到这么多关键因素的影响，是这么复杂的动态系统，以前我想得太简单了。

“我以前还挺相信算命先生说的命运，觉得一辈子可以达到的成就，或者可以得到的财富，其实都已经注定了。现在我才知道，其实是我自己没有掌握好很多关键要素，甚至根本不知道要一起考虑，所以就简单地推给命运来背锅。”

猫头鹰欣慰地点头说：“你们分享得很好，可以看出你们已经开始尝到逻辑思考的甜美果实了。逐渐活用后，你们更能享受到它所创造的巨大价值。”

鹦鹉听了猫头鹰的话以后，高兴地说：“前辈，听您这样说，我感到前途大好、一片光明。”

在鹦鹉的玩笑和大家的笑声中，结束了快乐的学习和成长。

第十五章

幸福当下，准备未来

——以逻辑思考掌握“有意义长久幸福”的关键要素

这一周，黑狗、鹦鹉和乌龟三人的心情都有点低落。原因是上周前辈告诉他们，他即将启动一个新项目，接下来会比较忙，无法再这样每周聚会了，因此这周将是最后一次定期聚会。黑狗三人都非常渴慕和前辈学习，自然依依不舍，于是便讨论了几个重要问题，要把握这请教前辈的最后机会。

猫头鹰说：“今天是今年聚会的最后一次，你们有没有什么问题想交流的？”

黑狗抢先问：“前辈，我父母和家族里的长辈，常常明讲或暗示我‘要早点生孩子’，您对这件事有什么建议吗？”

猫头鹰笑着说："很多年轻人也经常问我这个问题。你们有没有发现，人生有许多美好的事情，就因为相关人员糊里糊涂而没有准备好，反而变成不好的事。"

乌龟感慨地说："前辈，您说得太对了。例如，学习是人类的天性，好奇心驱使我们探索未知。然而，某些教育模式和方法可能未能充分激发学生的内在动力，有时甚至可能抑制了他们对学习的热情。传统的教学方式，如过分强调记忆和应试，可能并不适合所有学生，这不仅令成人感到压力，也可能让孩子感到疲惫。"

鹦鹉接着说："表哥说得很对，我再举另一件事——感情。就像前辈之前以自己为例，年轻时还没有准备好，即使美好缘分降临，他还是搞砸了。有句话说'在对的时间遇见对的人'，其实也包含自己要成为对的人。"

猫头鹰笑着说："乌龟和鹦鹉的举例都很好。尤其是鹦鹉，不但用上我的例子，而且没被尊师重道的观念压制而不敢说，理性地就事论事，这点非常好，就像亚里士多德说的：'我爱我的前辈，但我更爱真理。'

"小孩子确实可爱，生孩子原本是一件很美好的事。这件事有一个前提，那就是父母有没有准备好。生孩子不但有生养和教育费用，还有教育孩子的责任。教育孩子不仅仅是送孩子上好学校，家庭教育更是至关重要，而家庭教育的核心，在于父母的'身教'。

"所以，别人问我对生孩子的看法时，我都建议要先想清楚必须准备什么。如果想清楚了，又自信能做好，我就鼓励夫妻生孩子，甚至多生。但如果没有思考清楚，或者没有做好准备就生孩子，可能因为没有把孩子教养好，将来给自己和孩子带来很大麻烦，也可能给社会带来问题。

“事实上，任何重大事情的决策都不应该糊涂、冲动，都应想清楚‘本质四因’再决定，否则很容易搞砸好事，最终后悔莫及，就像我年轻时对感情的愚蠢一样。”

黑狗笑着说：“前辈，您说得太对了，长辈常说：‘多一个孩子，不过多双筷子。’但那是农业时代的过时观念，早已昨是今非了。从农业时代到科技时代，环境和生活方式都发生了巨大变化。还好，我没在父母、环境的压力下盲从。”

乌龟说：“前辈，我们还想请您给我们一些‘人生’的建议。”

猫头鹰说：“难得你们会想面对这个大问题，非常好。人生、生活是自己的，不论好或坏，都要自己承受。之前我就思考过‘人生如何圆满’这个问题，现在正好可以和你们分享。

“如果用‘超维逻辑’来思考人生，就会首先想厘清人和黑猩猩的本质差异。虽然两者的DNA相似度高达98%，却有本质的不同，那就是人类的心灵独特性，也就是‘人天生有良心’，人性本善，只是受环境影响而后天逐渐变质，这构成了思考人生的第一因。

“因此，人类社会和个人的‘人生道路’，就不该仅仅按照《进化论》的‘物竞天择，适者生存’来运行，而是应该‘调和良心和竞争’，因此得出强权主义受到世人谴责的普世共识。

"在此第一因的大前提下，你们想想，我们人生在追求什么呢？年薪百万？资产上亿？跑车？豪宅？这些只是表面答案，是表面思考的产物。物质、财富只是手段和工具，并非真正的最终目标。

"深入思考后，我们会发现，绝大多数人共同追求的是'有意义的长久幸福'，但实现幸福的工具、手段却可能因人而异，有的人偏重物质，有的人更注重精神，有的人最看重权力。请你们看图48。

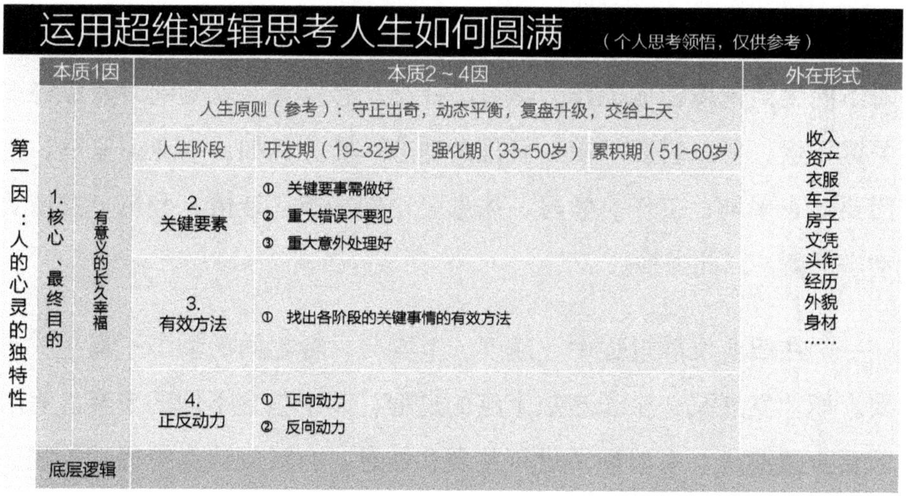

运用超维逻辑思考人生如何圆满（个人思考领悟，仅供参考）

	本质1因		本质2～4因				外在形式
第一因：人的心灵的独特性	1. 核心、最终目的	有意义的长久幸福	人生原则（参考）：守正出奇，动态平衡，复盘升级，交给上天				收入 资产 衣服 车子 房子 文凭 头衔 经历 外貌 身材 ……
			人生阶段	开发期（19~32岁）	强化期（33~50岁）	累积期（51~60岁）	
			2. 关键要素	① 关键要事需做好 ② 重大错误不要犯 ③ 重大意外处理好			
			3. 有效方法	① 找出各阶段的关键事情的有效方法			
			4. 正反动力	① 正向动力 ② 反向动力			
	底层逻辑						

图48　运用超维逻辑思考人生如何圆满

"在此人生目标下，我个人遵行'人生原则'，努力做好人生'三大要事'，我逐步解释。

"首先，我先分享一下我努力秉持的'人生原则'：1. 守正用奇，2. 动态平衡，3. 复盘升级，4. 交给上天。"

乌龟接着说："前辈，您所说的'守正用奇'，是不是取自《道德经》的'以正治国，以奇用兵'？"

猫头鹰笑着说：“是的。‘守正’，就是不论何时何地何事都坚守正道。什么是正道？‘正道’的最低标准是法律，更高一层是天生的良心（例如孩童还未变质前的天真、诚实、善良、简单喜乐等），但人的良心往往受环境影响而逐渐变质，所以再高一层是公理、天道。‘守正’是我不变的宗旨、大原则，是我的‘中心思想’；‘用奇’则是要在可变的战略和战术中创新、出奇。这是我个人的第一原则。”

猫头鹰继续说：“学校毕业后，我们往往身兼不同身份，也会面对不同生活情境，如工作、学习、社交、恋爱等，就要同时兼顾许多关键要素，所以需要平衡，而且是动态平衡。例如，事业、家庭、生活要动态平衡；工作、学习、休息要动态平衡；亲情、爱情、友情要动态平衡，以此类推。

“在职业发展过程中，速度、节奏与目标之间的动态平衡至关重要。职业发展是一个长达数十年的过程，其中包含不同的节奏。有时需要全速前进，有时则需进行整理和休息，有时则应保持慢速前进。关键在于掌握好这种动态的节奏，避免被外界环境或他人所带动。这是我个人的第二原则：动态平衡。”

猫头鹰继续说：“持续进行‘复盘升级’，是一个人高效成长的关键。复盘就是PDCA（计划—执行—检查—行动，循环式质量管理）中的‘C：检查’。人生的重大事情，无论是职场、情感还是能力培养，都要持续进行PDCA循环。

“我们之前交流的不同思考情境，运用了‘超维逻辑’所做的一些思考和规划，你们可以直接参考和运用，再结合自己的实际情况适当调整，就成为你们自己的计划了。这样就会有方向、有方法，就能避免盲目努力，大幅提升成功率。

“然后，按照规划去执行，就会得到反馈，然后通过检查来追踪、修正。之后再继续行动，进入新的PDCA循环。通过这种良性循环，能力就能不断升级，也就能逐渐实现美好目标。”

黑狗接着说：“前辈，其实我已经在做了。”

猫头鹰笑着说：“非常好。在守正出奇、动态平衡、复盘升级之后，就能够100%实现目标吗？遗憾的是，虽然可以大幅提升实现目标的概率，但不是100%能实现，因为世界上本就没有百分百的事，投资大师巴菲特也有投资失败、亏损的时候。因为还存在一些重大因素或意外，这是我们个人无法控制的，例如黑天鹅事件（如疫情）、灰犀牛事件（如新技术涌现）。

“因此，明智地努力后，万一目标仍未如愿，就要有交给上天的‘放下’心态。也就是说，我们‘先尽人事，后听天命’，听天命，是以放下的心态面对不尽如人意的结果，就像2024年2月底，苹果公司中止已经投入十年、花费数十亿美元的电动汽车项目。对于我们个人，有时候也要如此理性、勇敢地断臂求生，例如放弃已经创业四年却有致命困难的项目，或者与交往三年却有关键不合适的伴侣分手，因为‘黄金阶段的时机’很有限。

“断臂求生并非放弃明智的努力，而是明智地调整现状，适当地休养身心，然后重新规划新的道路，再继续明智地努力。以上就是我一贯的人生原则，提供给你们参考。”

乌龟惊叹地说：“前辈，您这些原则不但很关键，也很正面，还很明智。”

猫头鹰继续说：“这是我反复思考、多次调整后的领悟，还要持续检视、完善。我们再继续交流人生的‘三大要事’，你们再看看图49所示的‘2. 关键要素’：

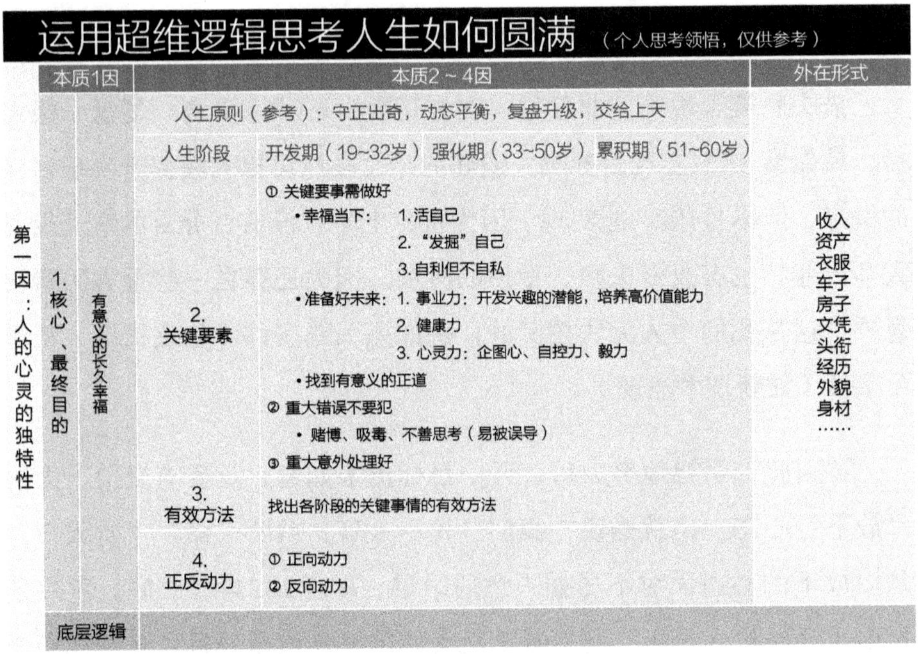

运用超维逻辑思考人生如何圆满（个人思考领悟，仅供参考）

	本质1因		本质2～4因		外在形式
第一因：人的心灵的独特性	1.核心、最终目的	有意义的长久幸福	人生原则（参考）：守正出奇，动态平衡，复盘升级，交给上天		收入 资产 衣服 车子 房子 文凭 头衔 经历 外貌 身材 ……
			人生阶段	开发期（19~32岁）强化期（33~50岁）累积期（51~60岁）	
			2.关键要素	① 关键要事需做好 •幸福当下：1.活自己 2.“发掘”自己 3.自利但不自私 •准备好未来：1.事业力：开发兴趣的潜能，培养高价值能力 2.健康力 3.心灵力：企图心、自控力、毅力 •找到有意义的正道 ② 重大错误不要犯 •赌博、吸毒、不善思考（易被误导） ③ 重大意外处理好	
			3.有效方法	找出各阶段的关键事情的有效方法	
			4.正反动力	① 正向动力 ② 反向动力	
	底层逻辑				

图49　运用超维逻辑思考人生如何圆满

“要实现‘有意义的长久幸福’，其‘关键要素’仍然是：一、关键要事需做好，二、重大错误不要犯，三、重大意外处理好。其中，二和三相对简单，所以我只用例子说明，你们可以再进一步深入思考。例如，赌博、吸毒是重大错误，千万别犯，而不善逻辑思考同样是重大错误，因为很容易被误导而走错路。

“人生中，我认为要做好的就是这三大要事：1. 幸福当下，2. 准备好未来，3. 找到有意义的正道。我们来逐一交流。

“第一件要事：幸福当下。有些人的思维是：我如果有钱了就会幸福；我如果买了房子就会幸福；我如果嫁了个好丈夫就会幸福。当下的小确幸和未来的大满足，也应当保持动态平衡。如果没有当下的小确幸，可能未来的大幸福还没出现就走不下去了。人生是一条漫长的旅程，如果只是一味地忍耐，很可能走不远，当然也很难幸福。在平凡的生活中，有些人可以从一杯咖啡、一本书、一段脱口秀、一部电影中得到当下的幸福，这便是人生的第一件要事：幸福当下。”

猫头鹰继续说：“想要幸福当下，有三个要点供你们参考：活出自己，‘发掘’自己，自利但不自私。

“所谓的‘活出自己’，主要是学会丢弃不必要的负担，轻装走人生道路。以前我们分享过，人生有两类负担，一类是不必要的负担，例如别人的异样眼光、过时的传统价值观、伪装自己、攀比、爱面子等等，其实没必要承担，人生本就是自己的。

“另一类是逃不掉的负担，例如人生中的多种现实面——事业竞争、各种生活问题等等，都需要明智处理，是好是坏都要自己承受。从小到大，我们从家庭、学校、社会、网络各方面，受到许多似是而非的教导，身上已经有不少不必要的负担，所以要明智地丢弃它们，才能轻装上路，生活就会轻松很多，就会更有力量背起逃不掉的负担，也更能幸福当下。

“至于‘发掘’自己，是说要通过多种方式和不断尝试，去发掘自己的爱好、性格特质等，探索能让自己感到幸福的事物和自在的情境，以及适合自己的朋友。

“发掘自己爱好的方法之一，就是本着天生就有的好奇心，以‘发现新世界和独特自己’的心态，去尝试、发掘自己的爱好、兴趣和性格，品味当下的幸福。例如，通过运动、美食、音乐、文学、手工艺、漫画、历史、地理、科学、绘画等各方面的探索和尝试，从各种事物、不同层面体会这个世界的多彩多姿，并且从中逐渐发掘出自己的爱好，同时认识自己的独特性和待开发的潜能。”

猫头鹰继续说：“什么是‘自利但不自私’？我们人，为了生存，是天性自利（先顾自己），而不是天性自私（只顾自己）的。我们‘先’照顾自己（自利），同时顺从良心，在自己的能力范围内尽量帮助别人和爱护世界，就像蜘蛛侠所说的‘能力越大，责任就越大’，顺从良心而‘自利但不自私’，就比较容易有孩子般的简单快乐。自己能够幸福当下，如果再遇见对的人（合适的爱人、朋友、志同道合的伙伴），还会好上加好、更加幸福，而不是寄望别人带给自己幸福，期待白马王子带来美好生活。”

鹦鹉笑着说：“前辈，您说的这几点真的都很重要。我以前虽然有些零散的模糊概念，但从没想得这么深入，又这么清楚。”

猫头鹰点头，继续说：“我们再来交流第二件要事：准备好未来。有了幸福当下的能力，就会更有力量去准备好未来。在努力工作、幸福当下之余，还要为未来努力准备，主要有三方面：事业力、健康力、心灵力。

“对于我们大多数人而言，未来的理想生活主要依赖于事业的收入，这也是许多人主要的压力和焦虑来源。如果能尽早‘明智’地准备未来的事业，实现理想生活的机会就很大，而其关键就在于‘开发兴趣的潜能，培养高价值能力’，远不只是努力就够了。

“培养高价值能力和事业的发展都是长期的过程，所以需要培养健康力，也要训练心灵力——企图心、自控力、毅力等。这些正向动力，可以帮助我们克服反向动力——惰性、压力、挫折等，从而持续成长、前进，逐渐实现我们的美好目标。”

乌龟接着说：“前辈，您说的这几项心灵力我自己深有体会，也觉得真的很重要。不少人因为企图心、自控力或毅力不足，常常无法坚持而中途放弃。”

猫头鹰点点头：“确实。为了培养未来的事业力、健康力和心灵力，在勤奋工作和享受当下的同时，我们还应当保留一部分现有资源，如时间、精力和金钱，为未来做准备，这样才能持续而长久地享受幸福。比如，25岁时送外卖，即便每月能赚7到8万元，虽然当下消费不错，但未来可能仍无法买房，因此需要为将来储备资源。否则，到了50岁可能会陷入困境。所以，仅靠时间和劳力换取收入，对于实现财务自由的目标而言，是一种重大失误。”

猫头鹰接着说：“我们再探讨第三件要事：找到有意义的正道。这源于我们人的第一因：心灵的独特性。人的心灵不仅体现在良心的特质上，还有一种特质是奇妙的‘心灵空虚感’。当人的基本生活需求得到满足后，这种心灵空虚感往往更加明显，不了解的人可能会误以为这只是‘吃饱了撑着’。

“这种心灵空虚感无法用金钱、豪宅来填补，也不会因知识和科学而得到充实。因此，古今中外许多伟大的科学家、思想家，以及一些富豪或企业家，都曾尝试通过各种事物来填补这种看不见又真实奇妙存在的心灵空虚感。这种‘心灵空虚感’，就是要驱使人们去‘找到有意义的正道’。

“那么，什么是‘正道’呢？我们所理解的‘正道’，涉及内在的道德感（比如孩子们未经雕琢的纯真、善良、诚实以及简单的快乐等），以及遵循自然法则。这些价值观和原则是社会和文化传承的一部分，它们引导我们追求更深层次的理解和智慧。因此，我们还需要更深入地寻求真正的源头，寻找真正的第一因。”

猫头鹰继续说：“‘幸福当下’和‘准备好未来’都需要花费不少时间和精力，但投资回报率绝对很值得。在第一和第二件要事适当处理好，有余时、余力后，就要尽快寻找第三件要事，虽然可能要花很多时间和精力，但也更值得投入。‘找到有意义的正道’，具体的寻找方法，可以从不同维度去深入思考。如果你们有兴趣，以后有机会我们再深入交流。

“以上是我个人的‘人生’分享，仅供参考。你们也要用逻辑来思考、检视我所分享的内容，不要迷信前辈、权威或大师。我一直向不同前辈学习，但我不迷信古今中外的大师，因为我知道连爱因斯坦都会犯错，更因为我自己会逻辑思考。”

乌龟接着说：“前辈，您说的这第三件要事——找到有意义的正道，我挺感兴趣的，我另外再和您约时间请教。”

黑狗感叹地说："前辈，跟您学习到现在，特别是在我自己用了您教的方法之后，真心感到佩服。因为从基本的判断信息真假、道理对错，用逻辑说服人，再到明智处理生活和事业的重大事情，都非常好用。"

鹦鹉也兴奋地说："是的，尤其今天又听前辈把人生和人的心灵看得如此通透，想得如此贯通，我不但对您所教的这套融会贯通的'超维逻辑'更有信心，也更有动力去好好练习，因为我清楚地看到了它所能达到的高度，以及所能带来的巨大价值。"

猫头鹰听了三人的分享后，笑着说："我分享'超维逻辑'给你们，包含知识体系和有效方法，希望能协助你们和更多人，培养出高价值的思考力和创新力，这在AI时代又特别重要。通过这些，让努力提升为明智的努力，就能提升收入、成就和幸福，成为人生胜利组。"

黑狗说："前辈，除了对您能够融会贯通逻辑思考深感敬佩，我也敬佩您的人格。因为许多前辈和专家，常常为了面子或其他原因，只知皮毛却不懂装懂。而您，没把握的地方都会诚实、自信地承认。"

猫头鹰笑着说："我会乐意承认自己不懂的地方，是因为我已经抛弃许多不必要的负担，而且我深刻认知到自己的渺小和人类的有限，也就不会自以为了不起。

"看来，你们的头脑都越来越清楚、灵活了，所以能深入地分清好坏，也清楚哪里有问题。在这十几次的聚会里，我和你们深入交流了这么多，有意思的是，我却没和我亲哥哥分享过这些内容。”

鹦鹉好奇地说：“为什么呢？”

猫头鹰笑着说：“我讲一个真实故事给你们听。我年轻时，担任一家公司的经理。公司来了一位新助理，我常常会主动地教她一些工作技巧和经验。有一天，她对我说：‘经理，你可不可以不要跟我讲这么多，我又不想学。’我刚听到时，很吃惊，想了几天后，我想通了，有些人就是不想学某些东西。

“今天是我们今年最后一次的定期聚会，之前所分享的内容和方法，你们在运用时，如果有疑问，把问题记下来，你们先自己讨论。如果还有疑问，我们再约时间交流。”

乌龟很感动地说：“前辈，真的非常感谢您，把这么珍贵且易学好用的逻辑思考，这么用心地教导我们。我已经预订了一家餐厅，待会我们一起去吃饭，表达一下我们的小小心意。”

猫头鹰笑着说：“那我就不客气了。不过以后你们不用叫我前辈，叫我‘老少’就可以了。”

鹦鹉笑着说：“老少，又老又少，这名字挺有意思。心智成熟，心灵还年轻。老少，走，我们吃饭去。”

大家都被鹦鹉逗笑了，在欢声笑语中，开始了亦师亦友的关系。

黑狗三人也持续运用“超维逻辑”的思考和眼光，去开启全新的美好人生。

—后记—

这个世界上总是存在着各种骗子，有政治骗子、投资骗子、情感骗子、心灵鸡汤骗子、广告骗子等，他们就像不同种类的病毒，总是无处不在。然而，关键在于我们是否有能力去抵挡这些各式各样的病毒。

很多人抱怨骗子很多，有用吗？事实上，根本解决这个问题并能保护自己的方法，是培养自己的逻辑思考力。然而，反思自我并培养能力需要持续努力，而抱怨却是一种轻松而容易的选择。因此，很多人选择了抱怨别人和环境，而不是改善自己的关键不足。

这样一来，他们反而容易成为各种骗局的受害者，或者被虚假的信息、心灵鸡汤所迷惑，甚至被似是而非的道理误导而不自知，也就难以得到美好的事物、长期的幸福！

人生要能长期幸福，需要在事业、情感和生活中做出许多正确的重要选择，因此有句话说得好："选择重于努力。"然而，如果不擅长逻辑思考，就很难做出正确的选择！我们该怪谁呢？是怪命运、怪环境，还是怪别人？解决的方法是什么？是找算命先生、依靠改运，还是寄希望于运气？年轻时，我被骗过，损失不小。我也曾经做出错误的重大选择，付出了沉重的代价。这些都是因为我年轻时缺乏逻辑思考力所导致的。因此，我想与你分享一下融会贯通的超维逻辑思考，希望能帮助你不再成为诈骗的受害者，并且自己能够做出正确的选择，从而提升收入、成就，并且获得长期的幸福。我们一起努力，一起实现各自的美好目标吧！

反侵权盗版声明